Le plus grand des hasards

Surprises quantiques

Cet ouvrage a bénéficié du soutien des Programmes d'aide à la publication de l'Institut français

本作品的出版得到法国文化协会及法国外交与欧洲事务部的资助

偶然之极

——量子的惊喜

编　Jean-François Dars
　　Anne Papillault

译　赵　佳　刘　莎
校　姚一隽

高等教育出版社·北京

目录

一个关于量子的梦

安东尼·乔治
Antoine Georges
法兰西学院
巴黎综合理工大学
法国国家科学研究中心银质奖章
欧洲物理安捷伦奖
达杰洛斯奖

　　我有时会做白日梦：我变得如此之小，以至于可以深入到物质深处。在同一时刻，我几乎无处不在，我的波函数在原子之间流动、分开、重组、遇到另一个波函数，与之互相干涉。我溶化于电子之间。我不需要去理解。我能感觉到它们在相互作用，为何有时互相排斥有时互相吸引。

　　如果我们这些量子物理学家们能够用感官清晰地接触到这个隐秘的世界，一切都会变得如此简单。而实际情况是，我们还需要制造复杂的仪器，进行繁琐的计算，或者近乎盲目地试图去猜测对大自然本身来说完全是浑然天成的秘密。

安东尼·乔治

王育竹
Yuzhu Wang
中国科学院上海光机所
中国科学院院士
首届尧毓泰物理奖
1987年"远望号"测量船获
国家科技进步特等奖

积分球中漫反射光场中的惊奇

法国科学家在研究工作中，发现了众多的"量子新奇现象"，为人类知识宝库做出了卓越贡献。中国人常用"仰高"来表达对圣贤的崇敬心情。我总是怀着这种心情阅读法国科学家的经典论著。

我与法国科学家有着不解之缘，1956年我在莫斯科读研究生时，开始了原子频率标准的研究，研究题目是"碱金属蒸汽原子谱线宽度的压缩"。我的导师指导我学习了 A. Kastler 教授和 J. Brussel 教授的有关"Optical Pumping"，"Optical Methods for Studying Hertzian Resonances"等文章，这些知识为我一生的科研生涯打下了基础。1963年我在北京极其幸运地见到了心目中崇敬的 A. Kastler 教授。那年初冬教授来到北京，访问了中国科学院北京电子所，参观了我们的实验室。那时，我们正进行钠原子的光磁双共振实验，观察钠原子超精细能级的微波跃迁谱。 A. Kastler 教授走进实验室后仔细地询问实验方案和实验结果。虽然，已是初

冬，由于钠原子蒸汽炉温度很高，像个电加热器，实验室的气温很高，教授满头大汗。陪同的领导叫我打开窗子，我去开窗。但教授马上挥手制止，并严肃地说："不要！不要！"。他继续看实验和回答我们提出的问题，并鼓励我们做好原子钟研究。A. Kastler 教授对待科学的严肃认真态度给我留下了深刻印象。

1978年我又接待了 J. Brussel、C. Cohen-Tannoudji 和 J. Lehmann 等教授组成的法国代表团访问上海光机所。访问结束后法国代表团提出了 3 个学术报告题目，让我们任选其一。我选了"Laser cooling"。 Cohen-Tannoudji 教授给我们做了一个十分精彩的报告。他的报告对我影响很大，使我坚定地走上了激光冷却气体原子的研究道路，亲身体验了"Quantum Surprises"。 1979 年我在中国成都召开的"全国计量会议"上，提出了"积分球红移漫反射激光冷却气体原子"的建议。我们长期坚持了这项研究，

观察到漫反射激光冷却气体原子的现象。令人惊奇的是我们观察到了"低于多普勒冷却极限温度的冷原子气体"。在这样简单的漫反射各向同性的光场中没有光势垒，不存在光晶格，但却观察到了低于多普勒冷却极限温度的原子气体！它使我们体验到量子世界的奇妙。

我在巴黎认识了多位著名的科学家，学到了很多科学知识，并得到技术帮助。另外，我很喜欢巴黎的博物馆，它使我流连忘返。

王育竹

安东尼 • 布劳维斯
Antoine Browaeys
法国国家科学研究中心/光学研究所
欧洲研究委员会起步基金获得者
艾美 • 高顿奖

空室的忧虑

　　首先必须找到一个能真正推动物理学发展的研究课题。显然有很多宏大的命题，正是因为这些命题，我们才选择了这个职业。什么叫一个电子在同一时刻既在这里又在那里？什么叫做一次测量？重力场能被量子化吗？占整个宇宙百分之九十六的未知领域究竟是什么？这个貌似没有任何意义，可以根据需要忽略或考虑的真空能量意味着什么？还有这个统治量子物理学的偶然性同样是很可疑的！但是经过思索，我们发现对如何解决这些问题没有任何头绪，真的不知道从何下手。我们甚至不知道提什么问题来推动这些问题的探讨。因此我们收减雄心，从别人的工作中汲取灵感，关注较小的命题。我们对自己说，不管怎样，我们如此缺乏想法，如此只知一二，以至于任何一个问题都是值得关注的。至少它将让我们进步，即使很有可能在某个地方另一个更加机敏、更加有创造力的人早已知道了答案。而且，谁也不知道，在我们试图理解问题的时候，说不定有

一天会有真正的想法，一个别人还未曾有过的想法。确实，仔细一想，我们多少是因为这个原因选择这个职业的：理解一个问题所带来的巨大满足感，不断学习的愉悦感。倒不是为了只有少数幸运的人才会有的重大发现。啊，其实跟音乐是一样的！虽然我们都听过一百遍的乐谱上有很多乐符，但是还必须要找出乐感，组织乐句，一种衔接方式，要知道音乐是怎么演奏出来的。然后尤其是要坚持工作，为了有一天能有一个奇妙的发现，一个蕴涵深意的阐释。这里还有完全属于自我的理解和发现的愉悦。

于是我们对自己说，根据从某人给的一个想法出发，做一些简单粗糙的计算，然后来搭建一个实验。有点是为了强迫自己提出问题，但尤其是因为非常有趣！从逻辑上来讲，接下来要有一间我们将在里面做试验的空屋子。你又再次感到忧虑，搭建一套实验装置要花很多钱，而且在好几年的时间里占用不少人力。如果做不出结果怎么办？如果这一切都竹篮打水一场空怎么办？能不能发表一篇论文？博士生们能不能在博士论文中有结果可写？

两年后，实验搭建起来了，最初的数据也出来了。这时，灾难发生了。我们所画出来的只是一团团看上去随机出现的数据点。诚然，量子物理很大一部分取决于偶然，但总还是有规律，有行为规则的吧。或许也是因为构造实验时出了错？又是好几个月睡不

好觉。然后有个人（但从来不记得是谁）提议换种方法试试。于是云状轨迹渐渐减少，数据点渐渐呈现出一条看似规则的曲线。原来有规律的！这是最为开心的时候！我们知道不会持续太久，果然另一个人会说："当然了，我们早该想到的，这是因为这个效应的影响"。真可惜，原来不算新发现，顶多证实了这样一个事实：甚至连简单的问题我们都不是领先的……于是还得继续，并一直期望有一天出现一个任何人都无法解释，任何人都不曾见过，真正能推动问题进展的规律。对了，我们到底在研究哪个问题来着？

安东尼·布劳维斯

弗朗克·拉洛埃
Franck Laloë
法国国家科学研究中心/国立高等师范卡斯勒-布洛赛尔实验室
三物理学家奖*
国家奖（法国科学院）
艾美·高顿奖

物体为何存在

求知欲和对理解的渴望是人性的基本构成之一。好几代研究者累积的努力让人们得以接触到无比丰富的自然现象，有很多现象在过去不仅仅是出乎意料的，简直是无法想象。这些现象可以存在于我们所处的尺度，或其他非常不同的尺度，比如原子尺度，但一切都很具体。物理学的独特之处在于它紧密融合了有时以数学的形式出现的抽象（数学是对于理解不可或缺的工具）和与我们周围的世界具体接触。一般来说，自然科学的规则是正式明确的：任何一种抽象形式，任何一个理论，不管有多动听，如果被实验数据否定就毫无价值。

从历史上来说，量子力学的出发点在于我们有必要弄懂为什么我们周围的物体（还有我们自己！）可以存在。那时人们知道这些物体是由通常组合成分子的原子构成，但是没有人能弄明白为什么这些原子本身是稳

定的：由那个时代已知的物理给出的所有合理的结论都预言原子会很快自行崩塌而消失（有点像黑洞）。如此，我们周围世界中没有什么东西还能存在！如何将理论和我们周围宏观物体显而易见的稳定性结合起来成为物理学的首要任务。为理解这个问题所付出的相应努力催生了量子力学。

我们可能会想，一旦获得了我们想要的结果，故事就到此为止了。但是量子力学在过去几十年中被证实是一种能够不断使人们获得不可思议的新发现的工具，这些新发现有时是非常漂亮的理论，有时又伴随了非常具体的成果。我们身边很多发明都得益于此，从半导体，电脑到通信工具和因特网，还有电话，导航仪或各种现代医学成像方法，人类历史上很少有如此成功的例子。

就像相对论那样，量子力学不仅仅满

*这是巴黎高等师范学院物理系为纪念该系在"二战"中被关入集中营而去世的三位创始人 Henri Abraham, Eugène Bloch 和 Georges Bruhat 自 1951 年起颁发的一个奖。

足于预测美妙而意想不到的现象，它同时改变了我们对周围世界的看法。从来没有哪种理论能像量子力学那样迫使物理学家们重新审视本学科的基本原则。但也正是在这一点上量子力学的成功不再那么辉煌：实际上，20 世纪初的"先驱们"发现的严重的困难，不但没有成为过去时，还一直悬而未决。以至于一个世纪过去了，量子力学还有各种互不相同的阐释方式。它成为一个融合本质性思考，甚至是哲学思考和所有物理理论最技术性、最具体问题的领域。

要把话说完全，我们就要遇到量子力学主要的困难之一：如何解释"物体为什么以我们肉眼所看到的形式存在"。正如我们此前所说的，量子力学长期以来解释了物体原子和分子微观构成的稳定性，但在宏观层面上，它预测所有物体都能达到模糊、不确定和空间的非定域的状态，但是没有人观察到过这样的现象。这是著名的"薛定谔猫"的悖论（爱因斯坦提供了另外一个形象：一个同时已经爆炸和还未爆炸的炸弹）。宏观物体可以存在于多个完全不同状态的叠加中（相干或不相干关系不大），比如这些状态的位置可以互相间隔 1 m，这从我们日常经验来看是非常荒谬的。我们眼中的宏观世界是唯一的，在空间中具有确定的位置，但是理论似乎无法解释这个唯一性。这个自发出现的特性背后究竟隐藏着什么机制？

为了解决这个难题，量子力学的标准说法引入了一个令人惊讶的区分：系统的"正常演化"，即能被薛定谔方程预言的，有规律的、连续的演化；"测量时的演化"，即这个方程不再适用。而几个世纪以来物理学其他领域已经谨慎地消除了所有人本中心的思想，而且把一个测量过程看做是和其他任何独立于人类干预的相互作用一样是更加自然的，为什么会有这个奇怪的规定？这就是标准量子力学测量所碰到的难题，为了解释宏观尺度观察到的唯一性，理论被迫引入"天外救星"：地位相对模糊且定义不清的矢状态假设。就像贝尔风趣地说道："世界难道等了几十亿年就为了等到单细胞生物的出现？或者等得再长一些为了等到一个具有国家博士头衔的更高等的生物？" 或者美尔曼（Mermin）所提出的问题（意译）："在第一个人抬头看天上的月亮之前，月亮已经是它运行轨道上的某个点了吗？"

诚然物理学的基础并不因此而动摇！在实践中，实验室中的物理学家们完全知道该如何用量子力学来解释实验现象，只需一点常识就可以从公式中剔除理论所预言的，但我们并不需要的"宏观尺度的怪物"；一旦我们达到一定程度的宏观，应用著名的波包收缩假设，我们可以强行规定唯一性原则。

直到现在为止这个方法很有效。但是剩下的问题是，在本质层面，这种实用主义并不真正令人满意；尤其是从逻辑上来讲，至少需要对于它的局限性更加明确。大家都知道爱因斯坦在文章中一再强调这个不怎么令人满意的情况。还有薛定谔也说过："世界一次性呈现在我眼前，主体和客体是一体的，区分它们的界限……并不存在"。至于贝尔，他说道："问题是这样的：量子力学的本质问题是观测，它必然把世界分成两个部分，被观察的部分和事先观察的部分，结果取决于两者是以何种方式区分开来的，但就此问题还没有任何具体的指示。如果考虑到实践中存在的人类的局限性，我们手头所有的解决方法在实践中已经足够不模棱两可"。目前理论上自洽的逻辑还没有完全确立，这一论题一直悬而未决。

最后我想说，量子力学是人类最为非凡的奇遇之一，从很多方面来说，它持续结合了抽象的思考和具体的预言，预测的数量和成功不断地印证这一理论；然而，反之，量子力学很脆弱，因为它建立在一个一直没有被很好理解的基础上，而且物理学家们并没有达成共识。这种成功和脆弱的结合给了量子力学特殊的魅力。既然如波尔（Pearle)* 某句非常风趣的格言所说的，量子力学单纯

* （Philip Pearle，美国物理学家，研究量子力学的基础。

是为了明白"为什么真实发生的事情会发生呢",还有什么比关注这个并不平凡的课题更激动人心的呢?

弗朗克·拉洛埃

阿那托尔·阿布拉甘
Anatole Abragam
法兰西学院
法国科学院
莱蒙诺索夫大奖
马特奇奖章
洛伦兹奖章

往事不易

我在苏联出生，我十岁时和母亲、姐姐来到巴黎。我父亲有一个做纽扣的小厂，所以留在当地。叔叔们和他们的家人接待了我们，叔叔们比我们先来，而且获得了法国国籍。他们都在"二战"死于种族灭绝政策。

对一个初来乍到的小孩来说，最大的问题是学习语言，但在那个岁数，我们像海绵一样吸收得很快。三个月后，我已经能应付。毫不夸张地说，一年后我已经会说法语，因此我可以像其他人一样去上学，甚至之后去了萨义的让森高中。这是所名牌高中，正常情况下我不能上这个学校，因为我们住在格勒耐尔，在塞纳河的另一边。但是大卫叔叔觉得格勒耐尔工人比较多，鱼龙混杂，就让我母亲去找督导，督导让她去找主管，主管让她去找校长，这样我才一路以优异的成绩通过第二个会考。

随后，本来我想准备高等师范或综合理工大学的入学考试，只是我到十七岁才获得法国国籍，而在 19 世纪 30 年代，外国人不仅不能上大学，而且在获得国籍后要等好几年才能参加这些大学校的考试。剩下的还有学医这条路……很幸运的是，因为没有说出蜗牛的性别（蜗牛是种非常复杂的动物，而且还是双性的……），我在物理 – 数学 – 自然科学综合考试中几乎落考，很快我就厌烦了，尤其是因为这个社会环境：学医的学生或者出生于医生世家，或者因为数学不行……

我并不属于后者，因为我花了两三年获得了数学和物理学学士，但这已经足够让我厌倦法国高等教育：老师在课堂上讲，学生在底下记笔记，然后老师就消失得一干二净直到下个礼拜！因为我的朋友们也逐渐消失，只剩我一个人尽我所能应付。幸亏还有书。不管怎样，在考数学物理和高等物理证书时，有贝然（Perrin）做我的老师。我以为是让·贝然（Jean Perrin），但是其实

是他儿子，未来原子能总署的署长弗朗西斯（Francis）。他也不是总是那么好对付的。有一天我在亨利·庞加莱研究所的楼道成功把他堵截住，我对他说："我买了布里古（Bricout）的书（一本有关微能量的专著）"，他问我："谁？"我重复道："布里古"，他反驳道："为什么？"，然后就消失了。

在获得高等物理证书后，我开始了"貘"时期。那时人们就是这么称呼那些因为笨或懒需要单独授课的学生的。因为这些学生都很和气，我有他们陪伴，而且还赚了点零花钱。至于其他的花费，爸爸在莫斯科的纽扣厂继续运营良好，他每隔一段时间都给我们寄美元，我从来不知道是怎么寄过来的，通过多少有些不清不白的人……每次，妈妈都穿上最漂亮的衣服，颤巍巍到一家美国换汇所换钱。虽然钱是从苏联寄过来的，但跟其他美元没什么两样，每次别人都换给她厚厚一叠法郎……

战争来临了，我被征召为铁路炮兵，这使我得以安慰我妈妈说根本没什么危险，长炮射程有两万米。我从来没看到过比那个时期的法国军队还没用的人。概括地说，我觉得法国花了太多时间输掉 1940 年的这场大战……然后有了停战协议，德军占领时期和驱赶犹太人。

大战后发生了一件大好事：原子能总署成立了。我印象中这是法国战后唯一能运营的企业。我在那里碰到了阿尔伯特·梅西亚（Albert Messiah）。我们一同进去的有四位理论物理学家，克洛德·布洛赫（Claude Bloch），儒勒·霍洛维兹（Jules Horowitz），我的朋友特洛歇里（Trocherie）和我。我们四人分担工作：原子能的制备、中子散射，与此同时，我们自己自学量子物理。因为能读俄文书，我要幸运得多：苏联人什么都翻译了，而且像福克（Fok），弗仑克尔（Frenkel），朗道（Landau）等伟大的量子物理书的作者都是苏联人。

但在这之前，进原子能总署两年后，我转道去牛津做博士论文。对我而言，那里的体系和法国比简直是天壤之别！作为物理学家，如果说我感觉自己有点像俄罗斯人，那么我觉得自己在所有方面非常像英国人……教学非常出色，因为有辅导老师，我们一直和老师保持联系，而且我们真的是在学物理。从那时起我开始对核磁感兴趣，另外说一句，我在法兰西学院担任了二十五年的核磁理论讲席教授。以至于最后我还写了一本厚厚的书。那可能是关于这个主题最好的书了，发行量不计其数。我研究无线电波长，但是实际上，在由阿尔弗雷德·卡斯勒（Alfred Kastler）和让·布洛赛尔（Jean Bossel）这两位出色的科研人员建立的以他们名字命名的实验室里，现在科恩－塔诺季（Cohen-Tannoudji）和阿罗什（Haroche）所研究的还是共振，不同的是他们用的是光学频率。

共振这个概念很简单：所有力学系统都

有固有频率，想要得到一个回应，我们只需向其发送同一节奏的脉冲。最通俗的例子是一队士兵踏步过桥的老故事。如果踏步频率和桥振动的频率相同，人和桥就会共振，桥就会坍塌……这事在 1850 年昂热附近的一座桥上还真发生了，有二百二十六名士兵淹死！核磁共振最著名的应用在医学上被称为核磁共振成像，有时这被认为是我的发明，但我发誓这跟我一点关系都没有！而且我从来不认为自己是个先行者：我首先是一个对简单的应用实验有一些想法，但同时手不够巧到能自己进行实践的物理学家。相反，我始终是站在进行实践的实验者的背脊上！当我 19 世纪 60 年代在原子能总署做物理研究的负责人时，我得以在萨克雷建立了位于欧尔姆的研究基地，此举目的正是为了把需要很少能量的简单物理实验和大型粒子加速器的重物理区分开来。我很喜欢原子能总署的原因之一是我们能在那里进行这类物理研究。

阿那托尔·阿布拉甘

罗兰·川上
Roland Kawakami
加利福尼亚大学河畔分校

物理和自行车

在 2008 年秋，我参加了在法国举行的一个会议，并决定额外花几天在环法自行车赛最著名的几个攀爬段上骑车转转，譬如传奇的阿尔卑斯山雨艾冬季运动场（1860 m）和加利比埃山口（2645 m），后者又是这次比赛中的最高点。在加利比埃，在骑行 20 km 到达莫里埃那圣约翰山（525 m）以后，我开始从最为困难的北侧开始攀登。我充满着活力，从坡的下部往上，骑车经过了很多弯道，莫里埃那山谷的景色令人叹为观止。法国自行车手超过我时，用手拍着我的背，给了我很多鼓励的话。虽然我不会讲法语，但是自行车手之间的情谊似乎是普遍的。不经意之间我就到了通信塔山口（1566 m），俯瞰莫里埃那山谷。很多人在小吃店享受美丽的大晴天。这是一场艰苦的攀登，但我已经完成了到加利比埃一半的路程了！

然后，路转向南，我骑车离开了舒适的莫里埃那山谷。经过了瓦洛尔镇后，文明的迹象开始消失。这不是一个通向滑雪胜地的坡段，而是一个长的，径直向上的无头路。环顾四周，所能看到的就只有柏油路、草地、岩石、云彩和绵羊。长途的骑行让我疲惫，我迅速地失去能量。一杯苏打水和一块煎饼给了我急需的营养去前进。接下来的路变得更加陡峭，太阳也让位给了暴雨。不久，我的身体完全湿透了，但我继续前进。腿部突然的疼痛迫使我停下来休息。我想我会放弃。但后来我又试了一次，一切似乎都还好，直到一百米后，我的腿部肌肉停止了工作。高海拔产生缺氧，这是一种我从来没有经历过的感觉。在倾盆大雨和腿不能正常运动的情况下，为什么不走回头路呢？也许这就够好了。现在路上没有多少自行车手

了，而且我也没有手机，我担心万一我的自行车在如此了无人烟的地方坏了，我该怎么办。当我为这次变得如此疯狂的自行车旅开始担忧时，无数放弃的念头出现在脑海里。但是我继续着，在最后的几公里我休息了不下 20 次。当终于到达加利比埃的顶峰时，对于我这是一个非常特殊的时刻，一方面是由于环法自行车赛的历史，另一方面是这次往返总共 12 小时的旅程的困难。

为什么要在量子物理学的书里提骑自行车呢？很少有人理解为什么有人会想骑自行车翻越一座高大的山，但可能更少人明白为什么有人想要探索量子物理学。很简单，虽然这两种努力通常都很困难，却给人难以置信的满足感。对于物理学的研究，在了解自然这件事上走得比前人更远和得到这些知识在技术上运用的可能性是令人兴奋的。我的研究小组的第一次成功源于一个非常雄心勃勃的项目，就像攀登一座高大的山。几年前当我开始我的研究实验室，一个题目引起我的注意，在碳纳米管中电子自旋的输运，这得益于良好的电子和自旋特性。由于这个研究需要大量我的专业知识以外的实验方法，同事们和匿名的科研基金的评委们警告我这样一个刚刚起步的年轻研究员这么做的潜在风险。但这并没有阻止我。然后在 2004 年，单原子层石墨烯被分离并制作成电子设备，这绝对是一项杰出的成果。因为石墨烯有像碳纳米管一样优良的电子和自旋特性，但它有更为广泛的应用前景，我把建立石墨烯自旋电子学作为我们的任务。当我们实现了在低温条件下多层石墨烯中电子自旋输运，我们非常兴奋，就这一结果投了一篇文章。然而，一个竞争小组发表了一个更为引人入胜的结果，室温下单层石墨中可调的自旋传导。在室温下可调的自旋输运！自旋电子学的主要目标之一实现了。作为一个研究员，这是我最悲伤和最幸福的时刻之一，悲的是，别人在我们之前达到了顶峰；喜的是，我们选对了研究方向——未来将证实这一点。在天分极高的学生和博士后的努力下，我们已经能够在石墨烯自旋电子领域作出重要进展，最终可能实现石墨烯自旋计算机。但故事并没有到此为止。作为物理学家，我们一直在不断寻找新的高峰，幸运的是，还有许多有趣的问题需要探索。在许多方面，骑自行车和物理学有很大的不同，但在某些地方，他们是完全一样的。

罗兰·川上

对世界的描述

爱德华·布雷赞
Edouard Brézin
巴黎高等师范学院理论物理实验室
法国科学院
英国皇家学会会员
美国国家科学院
三物理学家奖

　　我发现这个（量子的）世界很迷人……不过是因为一些不好的原因。这门新力学复杂的数学结构调动了所有我已知的知识，而且在我看来似乎为我以前的学习指明了方向。一段时间后我才明白这个新领域产生的概念上的革命在最为简单的体系里已经存在，所以没有必要去寻找太学究的说法。玻尔、爱因斯坦、贝尔和其他科学家为这门新力学所带来的巨大进步确实建立在对简单情况清晰的分析上，只有这些大科学家的见地才能发现别人此前未能发现的东西。

　　当我还是学生的时候，阿尔伯特·梅西亚（Albert Messiah）的专著让我发现了这个新领域。在课堂上教授这些东西是不可能的。在需要确定将来学习方向的几个月前，我们听了各种各样的课外讲座，原子能总署派了梅西亚*亲自来给我们做讲座。那时候法国力图发展科研，我不费吹灰之力就在萨克雷得到一个职位。

*原文是一个双关，le Messiah 本身是"先知"的意思。

在我们国家，量子力学在相当长时间内被看做是一门"概念"科学，只有那些对自然法则的哲学含义感兴趣的人才会去从事。但是半导体和信息技术的变革已经摆在那里。诚然，因为一些先驱的努力，今天这个差距很幸运地被填补了。在我们这个时代，量子世界在物理学中无处不在。我们甚至可以说这门力学已经成为工程技术非常重要的一支，因为它催生了微电子、激光、纳米科学、相当一部分的化学，等等。

我最初的计算之一和"击穿电压"有关（和不幸早逝的依兹克逊（C. Itzykson）合作）。就像非常强的电场可以击穿电解质，让电子脱离原子核一样，我们想知道是否一束激光可以从真空中产生正负电子对，这个量子现象已经被施温格（Schwinger）对于恒定电场描述过。我们得出结论，应该用比 20 世纪 60 年代用的激光更加强烈的激光，但是似乎今天这个现象已经应该可以被观察到了。不管怎样，另一个被荷兰物理学家亨德里克·卡西米尔（Hendrik Casimir）在 1948 年预见到的值得注意的量子力学现象也被观察到了：两个导电板之间的真空能量，因为两个导电板的存在而改变，产生了两板之间量子性质的吸引力。真空的量子涨落是真实存在的。

我们这一代人有幸见证了"标准模型"的建立。当我还在刚起步阶段时，电磁作用是当时唯一已知的可以和量子力学相容的相互作用，这项工作开始于狄拉克（Dirac），最终费曼（Feynman）、施温格（Schwinger）和朝永振一郎（Tomonaga）的研究成果于 1965 年获得诺贝尔奖。这项理论调动了量子力学的所有工具，真空极化，粒子－反粒子虚偶的产生等等达成了理论和实验之间真正奇妙的统一。但是除电磁之外，我们在 20 世纪 60 年代面临这样的境况：类似于对辐射等核现象的描述或对原子核内起作用的力的描述跟量子力学并不相容。问题的解决得益于运用了新的对称性：规范场，这成为物理学上最辉煌的成就之一。

这个故事并非到此为止，因为爱因斯坦的引力理论，即今天经受了无数实验的细致考验的了不起的广义相对论，和量子力学并不相容。"引力场的量子化"这个有可能使两种理论相容的修订，可不是简单的工作。这些修正可能意味着我们感观和仪器能够感觉到的三维空间之外的维度的存在；但这些概念一直都没有被实验证实。对世界的量子描述的历史继续前进，没有人能真正知道它会将我们带向何处。

爱德华·布雷赞

埃蒂安·克莱因
Étienne Klein
物质科学研究实验室/原子能总署
让·罗斯丹奖
格拉玛第卡其斯-纽曼奖
让·贝兰奖

魅影重重的理论

"在作品中,是人在诉说,但作品让人身上不可言说的东西得以表达"。

（莫里斯·布朗肖）

一点都不让人吃惊：我喜欢量子物理。我也崇拜它：它的力量让我惊讶，它的奇特让我不安，它所牵扯到的东西让我茫然。以至于如果传统物理学能够说清原子和粒子的行为，我会为此感到难过，因为量子物理使得原子和粒子成为非常有趣的角色和完全不可想象的物体。有人说它很难懂。诚然，我们如果不借助于抽象思维和令人生畏的数学就很难真正理解它。但是千万不要忘了它所导致的变革的关键在于一个简单的事实：它把四大基本算术之一的加法系统化了！它的形式主义核心"叠加原则"说的究竟是什么？如果 a 和 b 是一个系统的两个可能状态，$a+b$ 也同样是这个系统的可能状态之一。有谁能想象得出更加精炼的编排原则吗？

但不单单是这些。我对量子物理的崇拜同样来自于我对其创立者的崇拜。因为整

整十年纷繁的创造力，大胆，不安，尤其是高强度的劳动足以使一小拨几乎全是年轻人的理论家创立了有史以来最美的思想构架之一。我欣赏这些独特、坚定、沉醉，有时又有点感情用事的人，他们面对全新的问题，解决了我们有理由称为真正的谜的难题。他们的共同点在于每个人都具有各自的天才，他们中有的人获得了诺贝尔奖，有的人与之擦肩而过，尤其是他们共同努力把 1925—1935 这十年变成了物理学上神奇的十年。他们沉浸在某种集体热情中，非常勤奋地工作和思考，但他们那时的工作条件比我们艰苦得多：计算要用手或尺子，联系用信件或明信片，去大洋彼岸只能靠船，在欧洲境内只能坐火车。在我看来，量子物理的诞生全方位呈现了一部令人目瞪口呆的历险记，此段回忆给予冰冷的量子公式以温暖的光晕。

这个（正如蒙田可能会称之为）"复杂诗歌"的非常年轻的创建者们当然包括保罗·狄拉克（Paul Dirac），沃尔夫冈·泡利（Wolfgang Pauli），乔治·伽莫夫（George Gamow），维尔纳·海森伯（Werner Heisenberg）这些著名科学家。同时也有艾托尔·马约拉那（Ettore Majorana），这个极具天分的西西里人在创立了一个基本粒子理论后在三十一岁时神秘失踪，七十五年后物理学家们还继续津津乐道于他的理论。

虽然艾尔温·薛定谔（Erwin Schrödinger）比其他人要年长，但如果不提起他我会自责。因为是他创立了以他名字命名的猫的典故，因为他醉心哲学，同时又绝不会为了思想放弃个人生活，为了公式放弃情感，为了概念放弃肉体的快感，这是他的特点。他是个感情至上的人，从女人中获得灵感。而且正是在某段姗姗来迟，激情澎湃的艳遇快结束时，当他和他的情人之一在格劳宾登州度假的时候，他发现了指导原子内部的电子行为的公式。虽然大家做了很多考证，但是还是没有查出文中的女士是谁，只知道她很漂亮，住在维也纳。

量子理论的不可确定性还真是无处不在。

埃蒂安·克莱因

让–路易·巴德旺
Jean-Louis Basdevant
巴黎综合理工大学名誉教授

猫的原则

我对量子力学贡献很少，但我很热爱这个领域，尤其是我观察到笑对大脑有好处，让过去的时光充满欢乐（大脑分泌安多芬）。那是我在阶梯教室讲一堂很困难的课，第五遍试图向我的学生们灌输量子能级和测量的知识。看起来非常复杂，即便我向他们保证应用起来就会变得简单。幽默感是让他人大脑记住艰深理论的有效手段，我尝试了好几次。有天晚上，当我傻气的方法失败后，我万分沮丧，充满倦意地回到家里，看到斯内（Siné）的书《一窝猫》，激发了我持续 25 年的幸福感。

"叠加原理" 是量子力学的关键。我们研究的是物体的状态（这个词说起来更方便，因为存在是无法定义的）。我们把某物的状态记为：$|某物\rangle$，各种状态有互相叠加产生其他状态的基本权力：

$$|甲物\rangle + |乙物\rangle = |丙物\rangle$$

这个理论令人难以置信，它在纳米技术，太阳中微子和神奇的贝尔不等式（我们这个时代精神上的巨大发现）等等之中都能被找到。

因此，我预谋在下一年讲薛定谔的一个令人厌恶的想法（薛氏本人是个很棒的家伙），他指出我们可以用目光杀死一只猫！我在投影纸上照画了斯内书里的一只猫的头和前爪，和另一只猫的上半身连接起来，并且让它闭上了眼睛。一小时后，就在投影纸呈现猫的量子状态时，整个阶梯教室终于憋不住爆发出一阵笑声。成功了，即便我想解释如何用目光杀死一只猫的雄心被忽略了。不管最初怎么样，一小时后猫的状态是：

$$|（薛定谔）之猫\rangle = |（活）猫\rangle + |（死）猫\rangle$$

（纯粹主义者会说我省略了根号 2，我同意，但那又怎样？） 真是令人不可思议，猫可以同时活着和死去。真是荒唐！

如果没有斯
内的画,

这就仅仅是那只(完全不讲逻辑的)笨蛋猫**拉比亚**而已。一个物体不可能同时是它的对立面!

当我把讲课内容集结出版成《量子力学十二讲》一书时,我请求斯内允许我照搬他画的猫。他的回复很精彩:"……我的猫很荣幸能图解一门竟敢波动的力学。……假如您倾向于使用我的真迹的话,我非常高兴送给您下图。"这只猫比真猫更真实,不是吗?艺术家知道怎么打动人心。所有孩子都明白那只猫。

我们是通过"观察"猫将它毁灭的,把可怜的动物变成了亚里士多德逻辑中的某一本征态:非死即活!

随后我发现了第二只薛定谔之猫。我在一本书里看到毕加索在 1938 年画他三岁女儿的画"玛雅和洋娃娃"。我把画的右端用白纸遮起来,画的左端一个小姑娘抱着洋娃娃笑。

出于好奇,我把画的左端遮起来,出现了一个女人紧紧抱着小孩,随时准备保护小孩的充满母爱的画面。

完整的画如下(复制品的上半部分)。

当毕加索女儿的肖像出来之后，引起了轩然大波。有人高呼是天才，有人则指责是欺骗！眼睛上下不齐，鼻子在左眼下方，等等。为什么把如此美丽的现实用扭曲的方式表现出来呢？

很显然，画家运用了叠加原则表现小姑娘的状态。玛雅同时是抱着玩具的小姑娘和抱着洋娃娃的成长中的女人。毕加索表现了这个内在事实。他的天才就在于此：他表现了真实。

这里，仍然是通过"观察"画作将它摧毁。如果我们试着将此变成亚里士多德逻辑的一个本征态，我们将得到：小孩或女人，安详或忧心，那么画的灵魂就消失了。

我第一次碰到薛定谔之猫的时间更早，这来自于鲍里斯·维安（Boris Vian）对我青少年时期的影响，他抨击了传统逻辑："我不知道我所撼动的是否真的是逻辑。……我从来都不满足于非黑即白的逻辑或者说二元逻辑……总而言之，既不是是，也不是否，也不是或许。我觉得甚至这三者都不够。"

我们可以把这种说法放在当代语境下来看。我们这个世界充满危机，因为它产生了建立在善恶逻辑上的众帝国。这些帝国互相不同，对立纷争。我欣赏古希腊，我们一方面继承了算术和几何，另一方面继承了民主。他们发现了这样一个基本事实，这个世界存在两种类型的命题：第一种暂且称为"定理"，一旦得到证明，就是绝对真理；第二种是必须经过集体辩论的问题，因为这些问题没有绝对的答案，我们可以将此称为道德命题。

历史上有人尝试过寻找取代具有两千多年历史的亚里士多德逻辑学的理论。包括真、假、"不真不假"的三元逻辑之类的多元逻辑不胜枚举。鲍里斯·维安尤其翻译了凡沃特的《非A玩家》。

实际上，我们一旦弄懂了量子力学和毕加索，便可以斗胆说："我们都是薛定谔之猫"。我们同时处于善恶，"黑""白"的叠加状态，根据个人、空间、时间和形势不同而不同。

不管我们遵循什么样的哲学，也不管我们有多遵从某种信仰，仔细一想，没有人能够编出一套可以定义善恶的电脑程序。当我们所称为的"意识"出现的时候，它的后果不可预见，它具有为善和为恶的巨大能力。

善与恶这两个看上去截然相反的事物是共存的。难道不正是在"观察"后者时不加注意，不试图去理解它的现实，我们才会将它变成我们亚里士多德逻辑中的一个本征态：非善即恶，非黑即白，从而毁了他吗？

让-路易·巴德旺

米歇尔·勒杜克
Michèle Leduc
法国国家科学研究中心/巴黎高等师范学院卡斯勒-布洛赛尔实验室
依蕾娜·约里奥-居里奖
科艾尔柏欧洲科学奖
科学和国防奖

职责

　　那是在阿尔及利亚战争末期。每周在巴黎都有愈演愈烈的游行示威要求"恢复阿尔及利亚和平"。除了罗朗·施瓦兹(Laurent Schwartz)和阿尔弗雷德·卡斯勒(Alfred Kastler)这些大学者外，参加游行的还有大学生，甚至很有政治意识的中学生。秘密武装组织在酝酿叛变，发出耸人听闻的警告。正是在这样的气氛下，我和几个女伴每晚都聚集在位于容恩谷广场的卡斯勒先生家的楼道里。我们的任务是"守护"他，使他免遭声称要炸掉他公寓的"坏蛋"的骚扰。一天早上，在经历了好几个英勇而不适的不眠之夜后，我们被发现了：卡斯勒先生本人开门让我们进去，他非常惊讶地在楼道上发现我们这个别动队。他让我们进到他的大客厅里，给我们咖啡和羊角面包，跟我们讲国家解放组织和……物理。那时，我发现了一个让我意外的世界：精装书、三角钢琴、18世纪的竖琴、置放在托座上的古代希腊花

瓶……政治，物理和文化结合在一起！

这个小插曲坚定了我研究原子物理的决心，原来阿尔弗雷德·卡斯勒和让·布洛赛尔两人是"高等师范赫兹光谱学"实验室的负责人。我很荣幸地加入到这个颇具声望的实验室开始做我的博士论文。实验室里一共只有两位女性。我职业生涯的开端有点乱糟糟。我身边不缺乏好心的同事向我建议说去高中教书对一个通过教师资格考试的女人来说最理想不过了……相反，我一辈子都记得那些鼓励我坚持做科研的人。今天，在物理领域，身为女性研究员已经不再是一个先天的阻碍。然而，这条路上的女性还是很少，我从来都不失时机地到中学现身说法，告诉学生们虽然从事这个职业从私心来说比较艰难，但它绝对排除了日复一日重复日常琐事的庸钝，还能和全世界最优秀的大脑接触。还有什么比这个更让人期待的呢？

当别人问我是否今天还会做同样的选择时，我犹豫了。诚然，我很高兴选择了科学，而不是十五岁时让我向往的文学，那个时候的人书读得很多！我当然不会后悔从事物理学，因为一直以来都有很多未开垦的领域；每过一段时间人们总以为已经发现了一切，突然新难题又出现了……人们寄希望于物理学以及其他科学为能源问题的挑战找出解决方法。目前，我继续从事量子物理研究，主要研究"冷原子"。我是大巴黎区冷原子研究所这个科研网络的负责人。但是，

要我说职业生涯最美的回忆，还当属第一次通过激光抽运形成超极化气体所获得的磁共振肺部成像。如果今天还能再做选择，说不定我会选择医用物理学？

米歇尔·勒杜克

朱力叶·西莫奈
Juliette Simonet
巴黎高等师范学院卡斯勒-布洛赛尔实验室

成套的工具

2005 年 2 月，海德堡，马克斯·普朗克核物理研究所。

一个和我不到两小时前到达的火车站一样大的大厅，一样的吵，但很不一样：这里是真空泵和电流源在连轴转。

我的实习导师跟我解释道，实验目的是得到仅仅由几个电子围绕的原子核组成的离子束，并研究它和一个原子束碰撞时的性质。总而言之，这些已经失去了大部分电子的离子和那些原子是我们研究的对象，我们的起点。

随后很快就进入到对实验装置的讲解：电子炮，被液氦冷却的巨型超导磁铁被几十台仪器和几百条线路围绕。同样被监测仪和线路围绕的导出线。这里，强极化的离子不是我们的起点，而是很多人共同努力的工作结果。一个虽然易于描述的物理对象要实现起来可以非常艰难。

"如果你有时间，我们应该换一个压缩

机"。导师一边对我说，一边关掉周围压缩机的控制器和隔离阀门。成套工具在手，我开始漫长的学徒期。

今天，我在米歇尔·勒杜克（Michèle Leduc）的团队里做最后一年的博士论文，我们在那里也经常使用各种工具。量子力学对我来说是个非常吸引人的领域，因为实验结果对理论起着很大作用，不单单是检验结论，同时可以在实验室模拟数值计算所不能解决的难题。我们试图实现一个由好几千个原子组成的系统模型，尽量忠实于理论模型来重建，以便研究其发展。

这些实验组成了一个非常吸引人的悖论：我们把众多复杂实验技术组合起来从而建立一个在日常生活中观察不到的"纯粹"物理系统，我们得到的是一个与理论模型相似的模拟。

朱力叶·西莫奈

镜像马戏

马特奥·斯麦拉克
Matteo Smerlak
卢米尼理论物理中心
地中海大学

我在微缩的世界中感到更加自在……在生活于其中时，我感受到产生世界意识的波正在离开做梦的自我而去。

（伽斯东·巴什拉(Gaston Bachelard)，《空间的诗学》*）

想象一阵劈啪作响的雨。玻璃和泥土的洪流。劈。砰。啪。本质和绝对。万千声色。盛大的烟火。被解放的光。

想象一阵充满各种香气的雨。

想象一个没有年纪的人。手执灯笼。沿着众多灰色镜子围成的圈子奔跑。他奔跑。他喊道。"我看到自己了"。他被监禁在这个世界里。他是疯子。

想象世界的内部。

想象镜像杂技。他的主人和他的白日梦。听。在那里，在镜子之间，在缝隙里。从中传出的絮语。几乎无声的歌曲。疯子——他听不到。

您听得到细小的声音吗？

当人们以为已经将它们相互理清分开，它们又和在一起了，回应不曾料到的亲和力的呼唤。

（克洛德·列维－斯特劳斯（Claude Lévis-Strauss），《生食和熟食》）

奇怪而不可否认，微妙而显眼，复杂而原始……巴什拉的量子场不正和列维－斯特劳斯的宇宙起源之歌遥相呼应吗？原子的轨迹不正像亚马孙雨林的河岸吗？这些没有边界的疆土不正像孪生儿吗？

看，听，产生世界意识的波正在传播开来，形成一种固有的，强烈的相异性，拒绝一切本质论。他们编织了一曲微弱的和弦。奇特。令人着迷。

甚至应该想要倾听寂静。因为这个相异性，正是我们的世界，我们自身的镜子的反面。

这不令人迷惑吗？在庆祝光和物质联姻的百年后，量子力学仍然躲在无穷的形象和符号深处，仍然充满了巫术的气息，因为如此这般，它就不能被人们所理解。

（克洛德·列维－斯特劳斯（Claude Lévi-Strauss），《生食和熟食》）

* 根据 2013 年出版的中译本书名修改。

雅克·福雷德尔
Jacques Friedel
法国科学院
冯·西贝尔奖
法国国家科学研究中心金奖
霍尔维克奖

一个门外汉的起步

跟大多数我们这代法国物理学家一样，我是迂回曲折地接触到量子力学的。诚然，在我大学预科里，莫里斯·雅各布（Maurice Jacob），欧洲原子能中心同名物理学家的父亲，唤起了我对化学的兴趣，他以原子的电层量子化来解释门捷列夫元素周期表。但是战争刚结束时，不管在巴黎综合理工大学还是索邦大学，都没有真正的现代物理教学；那时，我不知道应该接触以多德尔（Daudel）为核心的化学家们或者以波艾尔（Bauer）为核心的物理化学家们来获取知识。在矿业专科学院学习末期，我到瑞典实习，带回来薛定谔的一本小册子，它教会了所有我所知道的对统计力学有用的知识。还有狄拉克的书，我从中获取了一些对量子力学总体的概念，但没有什么具体的应用。只有狭义相对论对我而言没有任何神秘之处，这得益于我父亲二十年代初空闲时阅读的一本电子物理的小册子，他那时在莫里斯·德·布罗意（Maurice de Broglie）处用X射线研究物体次晶层结构。巴黎综合理工学院关于这个主题的课很糟糕，我这本小册子解了我燃眉之急。我的朋友克洛德·布洛赫（Claude Bloch）和儒勒·霍若维兹（Jules Horowitz）当时已经是我们这届数一数二的学生，我让他们也从此书中得益。

1948年我到矿业专科学院里我表哥克鲁萨尔（Crussard）的冶金小实验室工作，那里有塞兹（Seitz）关于固体的书，还有莫特（Mott）和琼斯（Jones）的关于金属电子结构的书。这两本书都涉及量子力学，克鲁萨尔虽然意识到他对这个领域一无所知，但还是极力想让克洛德·布洛赫对此感兴趣，最终无果。

就我来说，当我想比较量子力学对金属结合力的预测和我从铝中测量到的晶粒间连接的能量时，问题就明朗化了：在那个时代，唯一被计算的就只有几种稀有金属，如锂等的完美晶体的结合力；对晶体缺陷的能量，以及此外金属表面应力和熔解热都还没有任何工作。最主要的原因是金属连接涉及散布在整个金属块中的导体电子；它不像化合物的离子－共价键或者绝缘体的范德瓦尔

斯（Van der Waals）那样只是原子尺度的局部研究。

在这种情况下，我二十八岁时远赴布里斯托在克鲁赛尔的朋友莫特处待了三年，学习这个新领域的基础知识。莫特后来因为导体－绝缘体相变获得诺贝尔奖，但那时他感兴趣的是导致产生这个现象的导体电子运动之间的关联。他和他的博士生们采用了一种称为托马斯－费米（Thomas-Fermi）的半经典的方法，用于电子间的排斥，有点像他在战前为描述由于金属中的杂质而产生的原子的电子屏蔽而采用的方法：是哪一种屏蔽给了关于自由电子气体被一固定的极性原子核散射的薛定谔方程的准确解？这个问题唤起了我对于当物体的尺寸，譬如羽毛，和光波的波长相近时的衍射的图像的回忆，这源于战前在发现宫的一次令人惊叹的经历。计算展示了屏蔽实际上有一个被振动的光环环绕的中心；中心的大小和振动的波长都和电子的费米波长联系起来了。

这个方法通过考虑电子态能量的量子化，强调了薛定谔方程在实空间的解，这是莫特的所有工作的特点。这个方法让我随后在对于相稳定性，以及结构的缺陷和磁性的研究中和安德鲁·布朗丹（André Blandin）以及我的其他博士生们提炼出有关金属键的简单概念。皮埃尔－吉耶·德热那（Pierre-Gilles de Gennes）和阿尔伯特·费尔（Albert Fert）在早期研究中也用了同样的方法。

雅克·福雷德尔

阿尔伯特·费尔
Albert Fert
法国国家科学研究中心/泰雷兹集团
法国科学院
诺贝尔物理学奖
沃尔夫奖
日本奖
法国国家科学研究中心金奖

远在橄榄树外

2009 年 8 月。我刚刚收到安娜和让·弗朗索瓦的邮件，邀请我为《偶然之极》一书写一篇文章。我正在花园的橄榄树下，夜色温柔。位于加泰罗尼亚地区比利牛斯山中的我的村子的夏夜让我喜欢。我也喜欢在阳光明媚的日子里行走在法国南部遍地灌木的荒野中，攀爬山谷上部耸立的岩石，爬上山顶远眺赏心悦目的西班牙昂柏达地区风光。我对丘陵的眷恋从童年时就开始了，我记得那时以采摘葡萄为理由推迟开学，就为了能多一点享受夏末的壮观景色。

　　几天后，我将无暇享受葡萄收获时的美景，离开我的丘陵奔赴散发着消毒水气味的实验室楼道。能够跟葡萄树和灌木荒野相匹敌的物理给我带来了什么？今晚我在橄榄树下思考这个问题，我明白了它同样向我展示了充满原子、电子和自旋的奇特地域的壮丽风景；不断更新的光的盛宴。这些风景一开始只存在于想象中，慢慢在脑子里成形。我可以在某条山间小道或在某个车站突然豁然

开朗。我很快能想象出该如何通过几个公式和实验进一步探索。每个"实验"结果都能展现另一个视角，每一步都能揭示通往其

他景象的途径。有时，最终得到的图景清晰连贯，光彩炫目。于是在橄榄树下，我重新想到了"自旋电子学"当前的发展。这是个逐渐壮大并日渐清晰的广阔领域。今天，整个领域的科学家试图继续扩大它的疆域，发现新的空间。

2010年4月。八个月后我在远离橄榄树和灌木荒野的地方，继续写这篇文章。我看着让·弗朗索瓦给我拍的照片，当时我正和阿涅斯·巴尔特雷米（Agnès Barthélémy），尼古拉·雷恩（Nicolas Reyren）讨论问题。讨论的热烈程度跃然画面之上，这些照片完美地揭示了这样一个事实：想法并不总是从上面所说的独自沉思中得来，也可以通过交流得到。我们讨论在某些绝缘氧化物间的界面的二维电子气体的拉什巴（Rashba）效应。如何在没有电磁场，没有磁性材料，只使用相对论效应和界面的对称性破缺，在电子组成的电流中实现自旋的极化？我和阿涅斯的出发点仅仅是拉什巴效应的一个粗略的图示。但是尼古拉刚刚在日内瓦做完相关主题的博士论文，给我们带来了其他信息，开阔了我们的眼界。于是新想法相继涌现，各种计划成形了。让·弗朗索瓦，谢谢你把我们关在办公室里拍照片，你催生了这些新想法，这样你为自旋电子学的进步做出了贡献。

阿尔伯特·费尔

让–米歇尔·亥蒙
Jean-Michel Raimond
巴黎高等师范学院卡斯勒-布洛赛尔实验室
皮埃尔和玛丽·居里大学
让·里卡尔奖
安培奖
霍尔维克奖

令人惊讶的惊讶

量子物理最让我惊讶的地方是，在孜孜不倦地跟它打了三十多年的交道（既有教学，也有深入的探索）之后，我还是觉得量子物理让人惊讶。

它令人惊讶的地方当然在于它对微观世界的描述跟我们的直觉和常识相背。不过本书中的其他学者对此应该比我说得更好。

让人惊讶还有它极端简洁的描述方式。除了数学工具之外，最主要的内容包含在几个在课堂上听起来甚至有些平凡的简单句子里，但这些句子具有非凡的影响力。

令人惊讶的还有这个可能是物理学至今为止最了不起的精神成果的连贯性。违反一丁点教义，抽掉任何一块砖头，整个大厦都会轰然坍塌。量子物理甚至还奢侈得不违背狭义相对论，虽然它的构想完全独立于后者。让痴迷于瞬间转换地点技巧的科幻作家失望的是，量子物理竭力不让消息传得比光速还快！

最后，令人惊讶的还有量子物理创立者们的大胆。在只拥有几个实验数据，几个思想实验和深厚哲学文化基础的情况下，他们竟敢质疑一直到他们为止的整个物理学研究对象：在知道"因"后精确预见"果"。似乎他们真的是对的。先生们，我向你们致以敬意……

让-米歇尔·亥蒙

威廉·D·菲利普
William D. Phillips
（美国）国家标准与技术研究院-马里兰大学
美国国家科学院
诺贝尔物理学奖
阿瑟·L·雪洛奖
迈克耳孙奖章

量子机械师

生命是一次历险。对于我来说，这个历险中最美好的部分之一是由学习新知识组成的，在奇特，神秘又精彩的量子力学王国，自然界在原子尺度是如何运转的。费曼，20世纪物理学标志性人物和量子力学第二代奠基人之一，曾经说过，没人理解量子力学。

当然，费曼和所有现代物理学家已经理解了量子力学的很大一部分，它是人们阐释物质和能量在原子和亚原子尺度的行为的框架。费曼想说的是，量子行为是如此不同于我们宏观世界中物体的普通行为，以至于在通常意义上，我们没有理解它的基础。

作为一个原子实验物理学家，我喜欢把我自己看成是一个"量子机械师"，亲手工作于亚微观世界的内部，就像汽车机械师工作于汽车引擎的内部一样。当所研究的事物已经超出了普通的理解范围，学习新东西的可能性实质上是无穷的。我的座右铭之一

是，好的一天是我学到了新东西的一天。我拥有很多这样的好日子。

对我来说，学习新事物最好的方法是和高素质的人们一起工作。和别人一块儿，我总是能学得更快更好。我幸运地遇见了一些具有绝好的洞察力的老师，学生和同事。我生命中一些最好的学习经历，有一些是我的困惑成功地感染了其他人，或是和我的同事们就某个物理问题产生很大的分歧。这些片段标志着新的认识的开始，这种认识被这样的信念支持着的，就是只要是物理问题，答案就必然存在。（不幸的是，在人类生活的其他重要领域，像政治、宗教、或人际关系，这样的信念并不能得到保证。）

在我的一生中，对于实验量子物理学家来说，实验手段有了长足的进步。当我还是小孩时，我总是听到，物质是由原子构成，但原子太小以至于看不见。今天我们习以为常地看到原子，不仅通过像扫描隧道显微镜

这样间接的方式，而且通过传统的方式，像用可见光照射，直接观察被反射到我们眼中的光。玻尔、海森伯、薛定谔这些量子力学之父相信我们唯一能观察到的是大量相似的量子系统的行为，如多原子的集合，并且只有这种群体的行为才是有意义的。今天，观察单原子和单光子的行为已经习以为常。在这些可以令这些量子先驱震惊并且愉悦的实验中，我们发现他们的想法仍然适用，只是以他们难以想象的方式。

量子力学最奇异的一些性质有：相干叠加，从字面上说一个量子对象可以同时在两个地方；量子纠缠态，一个量子对象本质上不确定的命运是和另外一个量子对象同样不确定的命运交织在一起的，即使他们没有相互影响的可能性。量子力学的奠基人深知他们的理论的这些奇怪的方面，但他们像是更多时候把它们看做是罕见的奇异现象了。今天，对很多实验室来说，这些奇特的性质已经是很多实验室日常工作的基础，它们代表了第二次量子革命，确保在 21 世纪的新的科学和技术进步。第一次量子革命导致了很多东西的诞生，其中就有我们认为是现代生活中不可或缺的一部分的电子设备。但它的实现并没有使用太多量子物理学的怪异特性。今天，第二次量子革命正使用着这些怪异的特性。

我们很难预测这些新的方向将指向何方，就像第一次量子革命中的那些先驱者们

并没有预想到电脑、手机、卫星导航的出现一样。在众多可能性中，有量子计算机，可以用来攻克物理和数学领域中以前无法解决的问题；量子通信，由量子物理的原理保证对所有技术层面可以想象的窃听的企图都是无懈可击的。我们甚至将看到可以改变我们思考量子物理学的方式的东西。

在 20 世纪结束时，一些大众读物宣布物理学已经发展到尽头了，没有多少或者根本没有新的东西有待发现了。我的经验恰恰相反。冒险仍在继续，并且随着每一篇新的论文，每一次会议和研讨班，会变得更令人兴奋。我是如此庆幸，能在这样一个蓬勃发展的领域，在如此优秀的同事的陪伴下进行这项工作。

威廉·D·菲利普

菲利普 • 舒马兹
Philippe Chomaz
原子能总署
让 • 贝兰奖

解开宇宙之谜

从无穷小到无穷大，量子力学让人们得以解密，解码我们的世界。

不管是宇宙各个角落不可分辨场的量子，还是物质和相互作用所构成的粒子，一切都遵循相同的法则。因此，不管在宇宙何处，我们可以从一个物体的颜色得出它的温度，从物体的波动得出它的平衡程度和历史。发射或吸收的光线、辐射、湮没、轫致辐射……揭示了相关系统的性质（分子、原子、原子核、基本粒子），讲述了它们的起源史。

卫星、显微镜、基本粒子探测仪探测天空，试图探测到一丁点的光线。这些信使，光粒、粒子或者原子的一部分，带着它们经历的量子编码。它们向我们描述大爆炸，最古老元素的形成，原子核如何俘获电子，光如何被释放。它们丈量宇宙，测量它的形状、大小、曲直，发现宇宙膨胀，称量物质，揭示反物质，规范能量。它们为我们

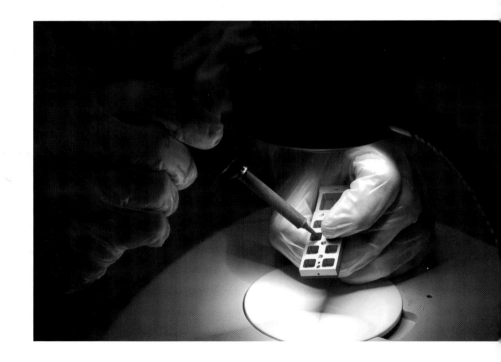

讲述遥远星系的事，描述最初的星星如何诞生，讲述一队物质掉进黑洞或者塌陷在超新星中心。或许有一天它们会告诉我们在其他太阳系中的其他星球上也有生命存在……

但是我们必须懂得量子力学来解读光的语言，把光的颜色转变成物理现象，把辐射能量或基本粒子流变成宝贵的信息。量子理论是我们解开宇宙信息之谜并因此揭示宇宙起源和预见宇宙未来的罗塞塔石碑。

菲利普·舒马兹

遨游宇宙

卡特琳娜·瑟萨斯基
Catherine Cesarsky
原子能总署
法国科学院
让森奖
空间研究委员会空间科学奖

我出生于法国，但在阿根廷长大，父母对法国文化非常热爱。我上的是法文学校，去法国夏令营，跟父母和朋友用法语交谈，我熟知法国的一切，文学、历史、巴黎街道的名称、大商店、剧院、歌曲。法国对我来说就是个不可企及的传说中的黄金国，因为那时我父母没钱带孩子们去那里。我身边一些家境殷实的小孩去法国度假，而我要等到二十一岁时才有机会。我想要游历的不单单只有法国，而是整个欧洲，全世界；我渴望旅行，但那些年很少离开布依诺斯艾利斯。

对数学的由衷喜爱和大自然的强烈吸引决定了我的职业：我成为了物理学家，我的目标是把大自然用公式表达出来。随后，有点出于偶然，我专攻天体物理，这是门美妙而严谨的科学，一直在挑战我的智力，激发我的想象力。

根据合作对象和学术会议的不同，我职

业生涯的国际性让我经常在全世界走动。我童年时的沮丧完全消失了，但让我感到快乐的并非这些过于频繁、乱糟糟、侵占时间的出差；而是在想象中遨游宇宙，我在宇宙中坚实地存在。

我的身体确实在此，在地球上，在地面上活动。但是我的自我，可能是作为量子的我，不单单局限于通过隧道效应穿越禁区；我以远远超过光速的速度环游宇宙。和宇宙射线这一承载着巨大动能的物质——基本粒子一起，我在超新星的冲击波中冲浪；就像网球的球一样，每次波打到我的时候我的能量就会增加。在波的周围，我被宇宙光线总体所产生的磁场中小的不规则体困住。随后，我穿越巨大的氢原子云，逃遁到银河中。我接触到更加厚的云层，氢原子互相组合形成分子。我感到窒息，我撞到一个氢核上，散发出新的基本粒子和伽马射线，我被击成碎片……我变成碎片中的一片，继续我的路程。

现在，我是一粒灰尘，形成于一颗即将消失的星星的外层。我在气云内部，在一个尤其浓密的区域，浓密到因为自引力作用这个区域变得不稳定。引力变得太强了，我周围的一切都崩塌了，我和其他灰尘粒一起盘旋上升到最为浓密的区域，我被吸收，我加入了一颗正在形成中的星星……不，我改变主意，我待在星周盘内，我撞到其他灰尘粒并附着在上面，我将很快进入一个微行星中，然后在地球内部。我熔化在岩浆中，天然辐射给我加热；我被极化，在运动中，产生磁场，然后在火山爆发时接触地面。

带着我的空间红外线照相机 ISOCAM，我登上红外线太空天文台卫星（ISO），每天在离地 70000 km 的地方运动。从 ISO 我跃入宇宙空间，决心见证宇宙星系的发展。当我逐渐远离银河时，我用我的红外线眼睛看到越来越多闪亮的星系：更加频繁的星系碰撞，更加巨大的气团，星星形成过程中的巨大火焰……我继续远离，并回溯到过往，我看到一个类星体，我接近它，不可遏制地被吸到一个黑洞中，它的质量相当于几十亿个太阳。在我周围，一股白炽气体发射 X 射线；在我急速下降穿越的轨道之上，我看到一道由基本粒子、电子和正电子组成的巨束，发出包括伽马射线和微波在内的电磁波。我被困在黑洞内，它在转动。如果它转得够快，我可能会以质子和中微子的形式飞出黑洞……

我离开黑洞，越走越远，走向时间起点。我置身于一个昏暗的区域，我什么也看不到，星星和星系还没有形成，只有一些相对弥漫的中性气体的不均匀结构。突然，一切加热起来，我接近大爆炸，气体也不再是

中性的，物质和光融汇在一起，原子分解，随后是原子核，只剩下夸克、胶子和不知名的粒子。我周围的一切都在飞速扩张，然后……我消失在量子真空中，可能那就是一切开始的地方。

卡特琳娜·瑟萨斯基

米歇尔·斯皮若
Michel Spiro
欧洲原子能中心-法国国家科学研究中心
（法国）现实与国际关系组织光耀法国奖
费利克斯·罗宾奖
道德和政治科学院奖

宇宙起源论

粒子物理学将偶然（通过量子理论）和必然（标准模型法则）结合在一起。在欧洲原子能中心，大型强子对撞器（LHC）产生数十亿计的碰撞，每个都具有各自特有的形态，表面上看是偶然的产物，而对这些碰撞总体的研究揭示了物理学新法则的特征和新必然性。

从大爆炸到生命起源和现代科学发展的宇宙的恢弘历史，也是偶然（量子理论）和必然（物理定律）互相不断作用的结果。随机性和决定论微妙地混合在一起，贯穿了可以在今天被称为科学宇宙起源论的理论。

因此，将被大型强子对撞器研究的希格斯（Higgs）机制是在最初宇宙冷却时，使基本粒子获得质量的相变的原因。这个机制可以使我们更好地弄清偶然和必然在质量起源中的作用。同样，是否能在大型强子对撞器发现新的对称性，即超对称，能让我们更好地明白宇宙形成过程是否具有随意性。

大型强子对撞器的尝试处于知识认识论转型的阶段。

米歇尔·斯皮若

让·依利奥普罗斯
Jean Iliopoulos
巴黎高等师范学院固体物理实验室
法国科学院
狄拉克奖

空间和基本粒子

本书的编者请我写几句我从事的物理。这是个危险的作业，原因有好几个：我年纪大了，已经不怎么从事物理，尤其我是理论家，没有激动人心的实验可讲述，也没有漂亮的照片示人。理论家靠一支笔，一张纸就能工作，没有什么值得写成文章的。

我对基本粒子的物理学感兴趣，它们是物质最小的构成单位。发现基本粒子是我同事的工作，这些实验者为此构造越来越有效的显微镜。刚刚在位于日内瓦的欧洲原子能中心启动的大型强子对撞器（LHC）是人类迄今为止构造的最有效的显微镜。它的分辨率将超过 10^{-17} cm。理论家的工作就是对如此收集到的数据进行整理。在等待结果出来之前，我们所能做的只是对可能的结果进行猜测。

人们谈论了很多希格斯粒子。它描述的是宇宙中所有的粒子产生质量的机制，一方面由布鲁特（R. Brout）和恩格勒（F. Englert），另一方面由希格斯（P. Higgs）分别对这个机制做出了预言。为什么最初爆炸释放的能量的一部分会转变成质量，而不是继续以放射的形式存在？这个转变是如何形成的？我们认为大型强子对撞器会回答这些问题。

在这里，我尤其想谈的是一些更不确定，甚至难以精确表述的假想。我想说的是空间的特性。空间概念不知在人类历史哪个阶段产生的，应该是在对我们遥远祖先的继承中发展形成的。这个概念在过去好几个世纪里得到很大发展，今天在微观物理学里，它和直觉想法一点直接关系都没有。因此，作为数学对象的空间和作为物理实在的空间，这是个难题。在物理学上，我们经常从另一个与它相关的概念入手来研究它，这个概念是对称性。对称性的概念建立在这样一个假设基础上，一个可变量是不可被测量的。因此没有哪个物理量是可以依它存在

的。结果是动力学方程在这个变量的变化时是不变的。举个例子：假设我们周围的空间是均匀的，坐标系统起点的绝对位置是不可被测量的。因此动力学方程必须在空间平移变换下不变。同理，空间各向同性的假设导致优先方向的消失，这导出了坐标旋转下的不变性。

上面说的这些对称都涉及空间的变换。它们是严格意义上的几何变换，很容易用视觉呈现出来，也很容易用直观的方式理解。而对于既不影响时空系统坐标，又改变所研究问题中的动态变量的变换，我们就需要一定程度的抽象思维来理解它们了。我们把因此产生的对称叫作内对称性。海森伯（Heisenberg）的同位旋理论给出了一个典型的例子。他的理论可以用简单的语言表述如下：原子核由质子和中子组成，前者有正电荷，后者是中性的。除去这个区别外，实验表明，就核能而言，两者所起的作用非常相似。它们有类似的质量，如果在一个原子核里互换它们，其能量的变化程度不大。这使得海森伯引入了抽象空间概念，即同位旋空间。在那个空间里，旋转180°，相当于质子和中子互换。海森伯的同位素空间是三维的，跟一般空间形态相同。但是当人们逐渐发现新的内部对称性，这个想法被推广到其他更加复杂的空间。如此，空间的概念变得抽象，微观物理空间成为一个数学对象，所有对称的一整套变换都能在这个数学对象中进行。它有一个复杂的拓扑结构，而且只有很小一部分，也就是我们日常生活经验的空间，能够被我们看到。大型强子对撞器的分辨率加强后，能否使我们对这个空间的构想发生革命性的变化呢？我们能做什么预见呢？

首先，我想是对我们的对称概念做进一步补充。理论物理学家们引入了一种将费米子（即：有半整数自旋的粒子）和玻色子（即：整数自旋的粒子）联系在一起的新对称。在物理学的术语中，这个新的对称性被称为超对称，它会引出一种非常奇特的空间形式，在此空间中坐标的平方总是为零。虽然这个对称迄今为止都没有被实验证实，它

在我们的理论思想中占有中心地位。此外，它的一些非常精确的现象学预测将会得到大型强子对撞器的检验。

另一个更容易表述的猜想涉及空间维度的数量。举个例子来说明：一个球面的表面，一个圆柱体表面，或者是一个平面都是二维空间，对球面来说，两个维度都是紧致的，对圆柱体来说，一个是紧致的，一个不是，从正无穷延伸到负无穷。对于平面来说，两个都不是紧致的。一个站在远处看且分辨率有限的观察者总能看清楚平面，但会把圆柱体看成一条线，把球面看成一个点。我们试图建立一个量子引力理论的努力经常使我们构想多维空间，有些维度可以是紧致的。紧化尺度的数量级是什么？我们是否可以想象大型强子对撞器在加强了分辨率后，将会发现空间的其他维度呢？这个紧致空间的拓扑是怎样的呢？它和我们所知道的内部对称性又有什么关系？

通过我试图向大家所介绍的，非常明显，我们的空间概念在经历变化，今天我们对这个变化只知一二。新一天的到来都会带来新的问题。但是物理是一门实验科学。我们都感到迫切需要新的实验结果来帮助我们在众多问题和新的理论思想间找到途径，以便提出新问题。

让·依利奥普罗斯

米歇尔·达维埃
Michel Davier
线性加速器实验室-南巴黎大学
法国科学院
简特那-卡斯勒奖
三物理学家奖

前沿

粒子物理学是一门雄心勃勃的科学，因为它的目标是在最本质的层面解开自然之谜。它所涉及的其实就是一方面辨认和研究物质最小的构成，另一方面研究构成之间的作用力。因此，根据这门科学的定义，它很自然地处于无穷小和物理学基本法则的前沿。但同时，表面上看自相矛盾的是，它又在无穷大的前沿，因为这些相同的法则支配了整个宇宙的行为，尤其是宇宙大爆炸初期的发展。

当我还是斯坦福大学年轻博士生时，就有幸在合适的时候进入这个领域。经过 1970 年前的探索阶段，电子非弹性散射的实验和质子，中子的内部结构的发现使量子物理经历了一个转折点。我想起费曼（Feynman）1968 年精彩的讲座至今心情激动。他引入他的"部分子（partons）"模型来解释这些新成果。把部分子和盖尔曼的"夸克"等同起来标志着当代粒子物理学的起点，这门

学科在 20 世纪 70 年代有了长足发展。人们发现了一种新型夸克，随后又发现一种。除了电子和 μ 介子，第三种轻子也加入进来。"中性电流"的发现揭示了弱相互作用的一个新方面。和实验带来的发现并行的是，理论框架也因为"规范场论"经历了真正变革。它们从物理系统关于构成群的一族局部变换的不变性出发描述粒子间的不同的相互作用，就像经典和量子电磁理论那样。之后，我们能够用实验来非常精确地检验这些理论。

理论和实验的持续对比是物理学进步的驱动力。这一点可能对粒子物理学尤其适用，因为其中的这些领域需要很不一样的能力和工具，因而比较特殊。根据海森伯（Heisenberg）的测不准原理，要想进入基本粒子的微小层面（小于 fm=10^{-15} m），只能通过运用巨大的能量。这就是为什么粒子加速器越来越大，即便有了像环碰撞这样

非常棒的巧妙的发明（奥赛线性加速实验室在这方面是先驱）。刚刚在欧洲原子能中心启动的大型强子对撞器是最为有效的，它将使人们在更小的尺度上探索物质，获得新发现的可能性也更大。实验所需的粒子探测仪变得巨大无比，极其复杂。数据处理所用的电子信息工具处于技术前沿，而且经常会有重要影响。我提醒大家因特网最初由粒子物理学家发明，以使他们全球各处的交流更方便，使合作变得更有效，这个工具改变了所有人接触信息的方式。

我参与这些重大实验，与众多国家的同事们经历了很多紧张激动的时刻。我属于一个不知道界限为何物的群体。位于日内瓦的欧洲原子能中心早已聚集了欧洲物理学家们共同工作，建立了一个现今吸引全世界团队的实验室。几个全球化实验室可用的大型装置的特殊性引入了一种社群文化：实验和数据分析的地点已经完全不重要了。

虽然这些大型实验的构造和利用需要无懈可击的合作和协调，物理分析在很大程度上还是小型团队就某一主题进行研究从而完成的。这样，我有机会指导很多学生的博士论文，他们的贡献被确认并得到承认，此外，合作的广义的国际化和强竞争性的特点使学生们能够受到激励，效仿榜样。我非常喜爱尖端科学研究中大学精神的渗透。

今天我们在哪个阶段呢？目前，粒子和它们之间的作用在规范场论框架下得到很好的描述，已经成为"标准模型"。但是目前还有几个重大问题有待解决。神秘的希格斯(Higgs)玻色子，这个产生质量机制的遗迹，它到底存在吗?* 为什么有三代夸克和轻子？在超高能领域，强相互作用和弱电相互作用是否能统一，这是否导致质子的不稳定性？在哪个理论框架下可以考虑和引力场的统一？这些问题还在困扰粒子物理学家，激励他们不懈探索自然世界的本质。

米歇尔·达维埃

---

* 比利时物理学家弗朗索瓦·恩格勒和英国物理学家彼得·希格斯描述了粒子物理学的标准模型，其预测的基本粒子——希格斯玻色子，被欧洲核子研究中心运行的大型强子对撞机通过实验发现。因此获得 2013 年诺贝尔物理学奖。

玛丽–安娜·布西亚
Marie-Anne Bouchiat
巴黎高等师范学院卡斯勒–布洛赛尔实验室
法国科学院
安培奖
雨果奖
法国国家科学研究中心银质奖章

Z⁰玻色子和光照原子的镜像非对称性

您可能会想为什么要做这个实验？简而言之，是为了通过镜面反射来测试原子 – 射线相互作用。您通过激光照射原子，做了两个互为镜像的实验，您研究是否实验的结果也互为镜像。物理专用术语是：宇称是否守恒。

原子物理学家凭直觉回答：当然，而且为什么要提这个问题？至少 20 世纪 70 年代初之前就是这样。从那个时候开始人们开始怀疑。也正是那个时候因为产生了能够在同一个连贯的数学框架下把弱电作用和电磁作用统一起来的理论，粒子物理学有了巨大的进步。新预言之一是一种那时还不为所知的粒子的存在：Z⁰ 玻色子。这种呈电中性并且有巨大质量的玻色子，它可以在物质粒子之间互换，而不会影响粒子的性质，就像中子的交换不会改变交换双方的性质。用实验来证明 Z⁰ 玻色子变得至关重要，以便使理论家们能在坚实的基础上开展工作，

尤其是测试它如何和物质其他所有粒子耦合。鉴于 20 世纪 70 年代初对此很不确定，所以任何一条线索都不可以被忽略。正是在那时，粒子理论家克洛德·布西亚（Claude Bouchiat）说服我构想一个能够解答这个迫切问题的原子实验的重要性。

Z⁰ 玻色子的本质特征之一是能够违反宇称守恒，也就是说它能够产生一些在大自然中并不存在其相应镜像的作用机制。粒子物理碰到过相同的现象，1956 年李政道和杨振宁就提出过，随后女物理学家吴健雄用 β 辐射首次观察到这个现象。但是在这种情况下，介质是带电的。交换电荷使作用中的粒子性质发生变化。中性 Z⁰ 玻色子带来的全新观点是，在稳定原子中可能存在违反宇称守恒的弱电作用。

这个特性应该能够辨认可能存在的 Z⁰ 玻色子，然而效果甚微。原子电子只有在接触到 Z⁰ 玻色子时才会感觉到 Z⁰ 玻色子和原

子核交换时的效应。而且，在 β 辐射实验中我们观察到完全不对称性，而在原子中，由于电磁作用一直存在并占主导作用，我们期待在两个镜像实验之间存在细微的不对称：不对称最多能达到百万分之一。

那么，如果镜子不完美或者镜像有缺陷，实验会不会失去意义？是的，这里有个非常危险的暗礁。我让您自己预想所有应该想象和核实的危险以确保知道如何避免这种情况。

测量要求原子和光波相互作用。为了达到这个目的，必须选择一个原子和一个原子跃迁。为减少电磁反应的相对重要性，我们的选择目标定在铯的一个禁戒跃迁。如果没有连续可调的染料激光器问世，这个过渡过程可能永远都不会被观察到。当染料激光器出现在市面上，1973 年夏天，我们拥有了法国第一台染料激光器！但是我们还远没有解决一切问题。1982 年，我们通过艰辛的努力和巧妙的方法，终于得到了一个无可置疑的结果，1983 年第二次测量的时候，结果更加精确了。这个结果印证了对全新超低能"标准模型"的预测。我和我的三位合作者，利奥奈勒·波提埃（Lionel Pottier）、约瑟琳·盖娜（Jocelyne Guéna）、莱瑞·亨特（Larry Hunter），以及本计划实现必不可少的克洛德，大家一起分享了发现还未曾被探索，甚至存在与否在长时间内都疑云重重的效应所带来的巨大快乐。

玛丽-安娜·布西亚

偶然和弦理论，
完美结合？

加布里埃勒·维内兹亚诺
Gabriele Veneziano
法兰西学院
法国科学院
爱因斯坦奖章
恩利克·费米奖
达尼·海纳曼奖

我对弦理论研究了四十多年，如果有人问我这门理论最重要的内容是什么，我会毫不犹豫地说：偶然！

并不是因为这门理论是偶然被提出的，没有任何人会这么说，因为这个说法大错特错（参见我在法兰西学院今年开的课）。相反，我想说，如果没有偶然的话，或者更精确地说，如果没有量子力学的大力干涉，弦理论作为基本粒子以及它们之间相互作用的理论将会没有任何意义。

因为根据经典力学的决定性原理，一个有弹性的弦在静止时拥有跟它长度相对应的能量（因此根据著名的公式 $E=mc^2$，它有质量）。没有长度就没有质量，反之，没有质量就没有长度。此外，没有质量（所以没有长度）同样暗含没有自旋：就像对一个旋转中的陀螺来说，要拥有不为零的角动量就必须有一定的大小。就是这么简单。

然而，我们今天在最本质的层面上对

物理学的认识建立在某些没有质量但有自旋的粒子的存在上，比如说光子（负责电磁作用）、胶子（负责核作用）、引力子（负责引力作用）。它们的自旋以普朗克常量为单位来计算（$h/2\pi$），引力子有两个单位，其他的（光子和胶子）有一个单位。

多亏了量子力学带来的奇迹，一个弦正是可以精确地有自旋值而不必有质量。同样多亏了量子力学，作为额外的收获，弦理论为我们提供了一些基本作用的矢量。量子力学让爱因斯坦大伤脑筋，以至于声明："上帝可不掷色子"。量子理论确实是上天的礼物，它让这个大天才灵思泉涌，提出了他最伟大的发现：广义相对论。

量子力学对弦理论的影响不止于此：最惊人的影响之一是除我们所熟知的三维空间之外其他维度存在的必要性。这些额外的维度可以如此之小以至于只能以非常间接的方式被"看"到。但是，如果这些维度并不是那么小的话，那么日内瓦欧洲原子能中心刚启动的新加速器实验应该能够向我们证实它们的存在，并证明一门如此引人入胜，有待实验检验的理论的有效性。

加布里埃勒·维内兹亚诺

弗朗西斯卡·费尔雷诺
Francesca Ferlaino
因斯布鲁克大学

量子屠夫

某个美妙的早晨，一觉醒来，世界变成量子世界：没有什么比这个更自然的了。只需将新法则应用到日常生活中去。

在这个新世界中，关键词至少有三个：概率、近似、可观测量，或者说：本质、方法、结果。

不管是旅行的准备还是薛定谔公式，每个问题都会得到观察、剖析，去除所有没用的部分，最后只剩下骨头：某种建立在近似概念基础上的思想的屠解。但是那些我们真的可以去除或放置一边的没用的部分是什么呢？这些虽然去除却不会改变最后结果，但只要将它们去除就能够获得清晰结果的元素是什么呢？物理学家的本事正体现在寻找这些元素上面，要分解的对象越新奇，物理学家的技术越显得惊人。

就宰牛来说，在砧板上，我们的屠夫既要使用两毫米厚的刀，又要应用牛顿定律，这些是从他父亲那里继承来的。但是如果他

需要分解一个原子，他需要用比惯用的刀薄上十亿倍的刀锋，才能看到一些东西。

首先，他需要使用其他刀，假使他能找到足够薄的。其次，他将会愕然发现，任何一个简单的干涉都会改变本质，不管是他选择砍去的，或是保留的。

这样，我们的量子屠夫将学会"不可分" 概念，或者叫"纠缠"：他不能保证他卖给顾客的肉是什么，除非他自己都吃了，但这是个让他血本无归的毁灭性的方法。

可怜的屠夫会因此而破产吗？他迟早都不得不关门吗？应该不会，但是预见结局如何属于"量子理论的偶然" 范畴。

弗朗西斯卡·费尔雷诺

干涉

克里斯汀•伯尔德
Christian Bordé
法国科学院
法国技术科学院
洪堡-盖•吕萨克奖
美苏高拉奖
艾美•高顿奖

从红宝石晶体获得第一束激光已经将近五十年了。那束激光吸引我如被光明吸引的飞蛾一般进入科研领域。我要感谢阿尔弗雷德•卡斯勒（Alfred Kastler）向我推荐了吉尔伯特•阿玛（Gilbert Amat）实验室。最初的分子激光，尤其是二氧化碳激光那时刚刚从那里产生的。短短几个月，这些激光的功率就从微瓦升到千瓦。我记得在烧掉了第一台探测器后，我用激光能穿透多少剃须刀片，甚至多少锯子刀片的数量来测量激光的光强。早在一年前，电影《金拇指》就预见了这个可能性，詹姆斯•邦德躺在桌子上等着被肢解。我本人的受害者是那些无辜的分子。这就是光化学激光的开端。最初的激光非常不稳定；我们需要学习如何驯服它们，为此要理解与此有关的整个物理学。诺贝尔奖获得者美国人威利斯•兰姆（Willis Lamb）刚发表了一个气体激光理论，这个理论预言了一个非常奇怪的现象：兰姆凹陷，在原子

长期停滞。几年中，光谱的分辨率（在光谱中分辨细节的能力）提高了百万倍。在进步过程中，我们逐渐惊讶地发现在分子内部原子所谱写的微妙乐章：在振动－转动光谱的结构下，我们发现了比精细结构更加细致的（superfine）结构，然后是超精细结构，进而超超精细（superhyperfine）结构，不同原子排列产生了这些结构，如具有对称陀螺分子的氨水，或者具有球形陀螺分子的甲烷或者六氟化物，美妙如音乐。

我们还要接受另一个挑战。分子在发射或吸收光子时会成群后退，就像子弹出膛时枪会后退。理论预见到每条线都会分裂成两条，它们的间隙相当于激光频率的千亿分之一。要想观察到这样一个结构，分子必须在相当长时间内跟随激光振荡，为此必须大幅增加激光束。这使我和诺贝尔奖获得者美国人扬·霍尔（Jan Hall）合作观察激光和分子之间非常精确的动量交换。为了更好明白这个反冲现象，不应该把原子或分子运动看做是像台球那样的经典对象的运动，而是看做波运动，德布罗意的物质波。激光对原子波产生的效果是把它分成反射波和透射波，就像半反光刀片或者无瑕的冰可以把光一分为二。这里，物质和光之间的角色正好相反：是激光把原子波分成两半。这个分离手段是相干性的，因为它不混淆原子波，这就为原子干涉仪的实现开辟了道路。一个分离手段把一道波分成两半，另一个分离手段把它们

跃迁频率附近，光强突然降低。这个共振线宽很窄，而且不受通常影响所有的发射和吸收光谱的多普勒展宽的影响。在激光谐振腔中相反方向传播的两列波足够用来选择没有多普勒位移的原子。我得以指出这个现象在分子激光上表现得很明显，它能够把激光频率控制在共振中心附近。因此，激光稳定性问题找到了一个非常令人满意，又非常普遍的解决方法。人们很快就想到把这一方法应用到吸收光谱，因为多普勒展宽，它的发展

重新组合。当两道波再次相遇时，如果一道波的波峰和另一道波的波峰重叠，两道波就会互相加强，此时就会发生相长干涉。反之，一道波的波谷和另一道波的波峰相遇，就会互相抵消，此时就会发生相消干涉。由于空间中存在为数众多的波振动，波的两条路线间极小的差异都会在激光干涉仪结束后引起很大的强度变化。比如很小的旋转很容易就会被探测到，这已经用于给飞机导航的激光干涉仪。

为什么我们想要用原子波来代替光呢？仅仅是因为每个原子中蕴涵的能量比一个光子的能量大一百亿倍，这个比例直接影响到在时间－空间特性方面干涉仪的灵敏度。

这个可以更加精确测量的可能性立即引入了很多应用项目，如潜水艇运行，测量地球运转或板块构造。同样，我们可以非常精确地测量加速度，尤其是重力加速度，使得精确跟踪地球潮汐或地震，预测矿藏前景成为可能。最后，广义相对论的很多结果都会被观察到，可能甚至包括引力波的探测。

正如我首次用碘分子指出的那样，原子组成的分子也可以互相干涉。安东·兹林格（Anton Zeilinger）再接再厉用越来越大的分子探索量子世界和经典世界之间的界限。

原子干涉仪有很多其他应用，比如精确确定原子质量，或者制作钟表。只需在每条路线上截取内在状态不同的原子即可。我们所知道的这样形成的光钟比定义时间单位的微波钟好很多，今天我们被迫重新审视秒的定义。

处于我的研究的核心位置的，是这样一个愿望：通过统一的量子力学方法，将作为原时源头的原子或者分子的内在动力学，和用来探测时空的原子外在运动，综合起来看。量子力学还是显得很神秘，但是它由于正在蓬勃发展中的量子计量学而渐渐深入到人类世界。这一系列研究的源头发端于德布罗意和爱因斯坦的遗产。继续下去，则会产生探索世界的新工具，不单单是探索地球本身，只要看看越来越多的空间任务就知道，这些研究的未来也在太空。

克里斯汀·伯尔德

73

时空接收器

诺埃尔·迪马克
Noël Dimarcq
时空坐标系统实验室/
巴黎天文台
法国国家科学研究中心/
皮埃尔和玛丽·居里大学/
国家度量衡和测量实验室
法国国家科学研究中心银质奖章

精确有可能是偶然的结果吗？

当然不可能。恰恰相反的是，虽然量子物理跟偶然和不确定性联系在一起，但它给精确测量带来了真正的变革，比如量子约瑟夫逊（Josephson）和霍尔（Hall）效应革新了电计量学。但它给时间度量做出的贡献更加引人注目，因为正是得益于量子物理，秒的定义在 1967 年放弃天文学方法转而采用原子物理方法。时间是具有最精确测量手段的物理对象，远远超过了其他物理量：今天，为了描述最好的原子钟发出的频率，我们需要十六甚至十七位数！为了得到这样一个结果，不管是不是量子物理，没有什么是可以被随意对待的。

在这些钟里无处不在的量子物理已经提供了普遍的，绝对的和不变的频率参照。最近几十年来的进步完全归功于物质和辐射之间的相互作用，从光抽运到用激光冷却，捕获和操纵原子。钟里的原子也体现了我们所熟知的量子（波粒）二象性，像波一样被光分开和操纵。因此，通过这些原子波所实现的（相长或相消）干涉是超精确的时间测量（或者在其他几何机构不同的原子干涉仪中测量加速度或者旋转）的源头。

一切看起来几乎都很简单，

原子干涉仪最终涉及的不过是波和相位。对于原子钟所进行的基本测量是：用干涉的方法测量光和原子波相互作用时所积累的相位差。相位差就越大，也就是说作用时间越长，测量就越精确。这个作用时间长期受原子快速移动的限制，后者最终因为激光冷却和捕获而被控制。于是出现了一些关于钟的新概念，它们的名字充满了诗意和科幻色彩：喷泉钟、微重力下的冷原子钟、光网络、原子芯片……多亏量子物理提供的新机制，这些钟从 20 世纪中叶发明之初到现在证实了摩尔（Moore）的一个时间测量法则的正确性，此法则预言每十年精确度提高一个数量级。是的，一切看起来几乎都很简单……但是描述原子干涉仪不是一个简单的习题。学生们越是倾向于，甚至习惯于光的波粒二象性，他们就越是对被分离光分开后同时处于两个地方的原子的振动形象感到困惑。对于波函数的相位我们可以看到同样的情形，这是和电磁场的相位同样重要的。最后，原子波越慢（也就是说它的德布罗意波长越大），原子钟的测量就越精确。换言之，原子波越是不定域，对原子位置的信息越少，测量就越精确。这是个表面上的悖论，量子物理很喜欢提供这样的悖论……

做什么用？

除了建立法定时间用来核实这样一条法则之外："火车和飞机从来都不准时，除非当我们自己迟到的时候"，原子钟的应用范围非常广泛。时钟的同步对电讯网络，对于通过间距很大的干涉仪系统进行天文观察，或者对于探测器在太阳系的运动都至关重要。光速是已知的，测量距离也就变成了测量时间，包括激光测距，卫星定位和即将实现的定位系统 GALILEO（一亿分之一秒的失误就会带来 30cm 的巨大错误）。原子钟的一个里程碑似的应用体现了计量学和基本物理学之间的关联。为了想象不断超越精确度的工具，计量学一直以来都需要借助于物理学中的量子力学和相对论的方方面面。反之，基本物理学需要对时空进行精确测量以便对各种理论做出选择。因此，现代计量学的重要内容之一是寻找一个基本常量偏离值（例如描述物质和电磁场耦合的精细结构常量 α）。唉，但是现在最好的仪器都测量出的偏离值总是"零"，也就是说和理论预测没有偏差。但是，计量学家决心减少误差范围，有一天他们会证明期待已久的偏离值，从而对目前的物理学基础重新进行审视。物理学历史上好几次出现这样的情况，实验中测量的改善推翻了此前假定不可置疑的预测。所有物理学们都梦想经历这样的变革，抛弃旧理论的失落和发现新领域的兴奋掺杂在一起。

为了让梦想变成现实，计量学把它的严谨和量子理论的魔幻还有相对论的神秘结合在一起。我们的目的是不断向前探索把无穷大和无穷小连接在一起的一个弯曲的宇宙。

诺埃尔•迪马克

奥利奥尔·波依伽
Oriol Bohigas
法国国家科学研究中心/
理论物理和统计模型实验室
南巴黎大学
达姆施塔特大学荣誉博士
霍尔维克奖
亚历山大·冯·洪堡奖

混沌和量子物理

"如果我能比别人看得更远，那是因为我站在巨人们的肩膀上"

1- 量子理论方法和经典方法不同的是，它将我们研究的很多系统（原子核、原子、分子）和不连续的能量（能谱）联系起来。从一个状态的能量变化到另一个状态的能量是通过量子跃迁，而不是连续的。研究的目的之一是测量这些或多或少有规律的尺度和阶梯：每一级的位置代表了某个特定量子状态的能量。随后，我们研究和比较经过测量或计算后得到的这个尺度的各部分和片段的特征。

2- 量子力学的一个基本对象是一个被称为矩阵的数学对象（量子力学也曾被称为矩阵力学）。一个矩阵是一个正方形表，像象棋棋盘一样，每一格有一个数。我们可以把这个矩阵和一组数联系起（矩阵的本征值），这组数和量子尺度的各级位置相关联。

3- 在 20 世纪 30 年代，通过研究用中子轰击原子核，我们才得以揭示在核尺度的各部分和片段的特征，相比于第一级能量，它们的位置要高得多，可能在百万级左右。这使玻尔引入了复合核的概念：一些中子和质子的组合（原子核），捕获一个入射中子，经过一段比核内运动典型时间长很多的时间，它的成分经过复杂的相互作用后，这个入射中子的能量转移到一个发射中子上。

4- 自 20 世纪 40 年代核反应堆发展之初，我们开始对复合核的特性感兴趣。为了研究复合核层级片断的特性，维格纳（Wigner）引入大胆而简化了的假设：我们在象棋棋盘一样的矩阵的格子中填入随机的数（随机矩阵）。在这个方法中，唯一的物理学内容在于矩阵的总体结构，它反映了被考察的系统对称性的普遍特性（例如，时间反演不变性，我们不能分辨两部同样的电影，之一从现在向未来放映，另一从未来向过去放映）。随后，我们确立了这样一个结果：随机矩阵理论的预测和通过实验（对原子核、原子、分子）所观察到的结果相当吻合。

5- 维格纳"掷色子" 假设隐含的逻辑

是什么呢？是说我们所面对的是一个复杂的系统。"复杂"是说有很多粒子或其他意思？

19世纪末尤其从庞加莱（Poincaré）开始，明确出现了这样一个想法：带有少量粒子的系统，比如说三个粒子，已经可以呈现出非常复杂和不可预见的运动（确定性混沌）。在量子领域应该怎样来看这些"简单"但混乱的系统？我们发现它们的量子阶梯特性和维格纳随机矩阵理论预测到的特性非常接近（量子混沌）。表面上不相关的主题（经典运动不稳定性，原子尺度的特性）其实有着很深的联系。

6- 因此，在我们面前的是普遍性。所研究的特性并不取决于成分互相作用的细节，而是单单取决于更为普遍的特性，即隐含的经典动力学中规则或混乱的特性。在理论物理研究中出现了很多随机矩阵模型理论的外延和推广，在纯数学领域同样存在（比如解析数论）。黎曼ζ函数的作用值得一提。它能吸引数学家的注意是因为它和素数（整数中的"原子"）直接相连，而且它似乎表现出到今天还没有得到证明的简单特性（根据黎曼1859年提出的猜想，在复平面上这个函数的零点都位于"临界线"上）。这个临界线上函数零点位置的尺度和阶梯似乎拥有和上述量子层级同样的特性。这两个领域之间出人意料，很有启发性但又很精确的联系被揭示出来。这个故事的寓意之一是对表面上看起来很明白的系统（具有技术价值的复杂

核的尺度的片段）进行研究可以发现很普遍的特性，这完全超越最初研究意图并开辟了完全出人意料的前景。

7- 至于数学和物理间的联系，我能提醒大家阿诺德（Arnold）耸人听闻的话（"数学是物理学的一部分。物理是实验科学和自然科学之一。数学是物理学中实验花钱不多的那部分。"）或维格纳（Wigner）的一篇文章的题目（"数学在自然科学中不可理喻的效率"）吗？难道不能调换下顺序（"自然科学在数学中不可理喻的效率"）？庞加莱曾写道："物理学不单单给了我们解决问题的机会，（……）它让我们预感到解决途径"。难道单单叫数学物理，不应该也叫物理数学吗？

上述内容似乎阐明了维勒（Wheeler）的梦想，他想有一天整个物理学都会拥有这样的形式：

（偶然，概率） + （支配原则）

>>> （物理定律）

奥利奥尔·波依伽

塞巴斯蒂安•巴里巴赫
Sébastien Balibar
法国国家科学研究中心/巴黎高等师范学院固体物理实验室
三物理学家奖
弗里兹•伦敦奖
达尔杰罗斯奖

观察与理解

经典力学是看得见的。量子力学是看不见的，至少，是非常罕见的。

扔出一只球，你看到它的轨迹。带你的孩子们去发现宫的力学室，你很快就会让他们相信力的平衡或者动量守恒，尤其是当你也喜欢花样滑冰。但是随后试试向同一批孩子们解释说电子并不像行星绕着恒星转那样绕着原子核转！或者更糟糕的是，试着解释一个电子可以既自旋向左又向右……

诚然，如果你是科研人员，你展示电子是如何投射到双缝屏幕，同时通过左右两道缝，以至于屏幕另一端的探测仪探测到一个干涉图像，你可能会让大家相信这些粒子的波动性质，而一般人可能会只相信他们的粒子性。然而，你会尝试和水面的波纹做类比，两指同时触及水面，就会出现干涉形象。但是当你需要让听众承认电子波既不是某个液体表面的高度的振动，也不是声音那样的压强的振动，甚至也不是光那样的电磁

场，假设你年幼的小听众们知道什么是电磁场；你必须向他们阐明的是：在振动的是在某处出现的概率，你很清楚要想他们相信你说的，除非他们从心理上对你有信赖感，而不是靠科学论证。因此，如何讲解量子力学？此外，你自己如何理解它，真正理解它呢？

人们对费曼著名的句子"没人真正理解量子力学"理解不一。我远远不赞同反科学人士的观点，他们想证明现代科学没有任何价值，因为总体上说，甚至它自己的专家都不懂它。然而，我常常自问，对于我们这些科学家来说，"懂得"究竟是什么意思。每个人都有自己的思考方式，因此有自己的论证方式，知道什么时候自己对一个陈述，一个理论，一种现象的接受达到可以说"我懂了"的程度。因此，我想有各种不同的懂的方式。

在我的物理学同事中，应该大多数人都喜欢依靠严谨的数学方式来论证。我也觉得没有理论，没有数学模型，物理学就不会是今天这样逐渐建立起来的严谨的科学。量子物理如果没有复杂的数学形式，没有测不准原理、共轭变量、希尔伯特空间，那么它就不会成为一个世纪以来我们对自然的认识的坚实的一支。但是我必须承认这些论据还不足以说服我。不管怎样，有些数学模型论证很严谨……却是错误的，因为它们假设的前提就不具备合理性。我不会混淆严谨和真

理。因此，我需要数学严谨之外的其他论据。我需要物理学上的解释。这时，事情变得尤其复杂，因为这个我们经常说需要"实践"的"物理"解释通常是和我们的日常生活经验做类比。我们很清楚地明白波产生干涉，不管是水表面的波纹或者是穿越双缝的光。因此，如果一个电子也产生干涉，那是因为电子也是波，而不单单是物质粒子。

简而言之，如果我看到一个现象，我知道它的简单解释，而且这个现象跟量子力学预见到的现象相似，那么当我能够运用量子力学理论工具计算得到同样的结果时我会觉得我理解得更好了。

那么量子力学有可能得到应用吗？

碰巧三十余年来，当我在电冰箱上开了扇窗以后，我能看到接近绝对零度的液体和固体。这个著名的绝对零度是 −273.15℃，而隔着我的冰箱上的窗户我最多能看到 −273.13℃，也就是 20 mK。因此，二十多年来我可以亲眼见证量子液体和固体不同于我倾向于称作"正常"的经典液体和固体。比如我看到超流的氦不沸腾，或者毛细管作用波可以在固体氦表面传播。从 2006 年以来，我观察到在固体氦内部，物质流动遵循的法则根本和流体力学的泊肃叶 (Poiseuille) 定律无关……

因此我可以说我懂得量子物理了吗？多一点了。但是，实际上，我尤其可以确信某些材料甚至在宏观层面的行为也需要用另

一个经典物理之外的理论来解释。量子物理给了我这样一个假设：物质的粒子也可以被看做波，这些波可以互相重叠，形成"凝聚"，它是失去个性的波构成的宏观波。这使我可以预见我所观察到的行为。我相信这个真理，但是我不会忘记（最终谁知道呢）

可能会有这样一天：我们发明了更加微妙的东西，可以解释观察到其他现象。但是目前，我相信这个暂时的真理：量子物理虽然不可置信，但确实是真的。

塞巴斯蒂安·巴里巴赫

让–保尔·波瓦希
Jean-Paul Poirier
法国科学院
地球物理研究所（巴黎）
经度测量局
洪堡–盖·吕萨克奖

梅西亚教材*

1968 年，我是康奈尔大学材料科学与工程系的研究员，我被原子能总署派去学习高压物理冶金技术。

康奈尔大学声名卓著的物理学家中当时有 1967 年获得诺贝尔奖的汉斯·贝特（Hans Bethe）。贝特从 1935 年起在该校任教，他出生于斯特拉斯堡，从某种程度上说，他还是感到自己是个欧洲人。我记得冬天时在某个银装素裹，景色壮丽的国家公园遇到他和他妻子。只有我们在散步，他评论道："只有欧洲人才喜欢这样顶着凛冽寒风在雪中漫步"。

往前推十二年，当我还是学生的时候，在法国还很少教量子力学。巴黎中央理工学院的物理老师只就玻尔的原子说给出泛泛的见解。因此我想充分利用在康奈尔大学的这段时光进行学习。汉斯·贝特开了一门量子理论课，我作为旁听生去听，想到能承蒙物理学名家之一的教诲，就兴奋不已。

诚然，贝特是个好老师，但他不即兴讲课，严格按照放在他书桌上的一本书来讲。有一天，我很好奇得看了一眼。让我非常惊讶的是，这本书竟然是梅西亚（Messiah）的教科书。

在大西洋彼岸，我聆听贝特上课，用的书是我在萨克雷就该读的梅西亚的书。

让–保尔·波瓦希

*原文的标题 Le Messiah 是一个双关语，还有"先知"的意思。

84

阿尔伯特・梅西亚
Albert Messiah
原子能总署

几个日子，几个名字

虽然我是巴黎综合理工学院的学生（X-Mines 1940），但我从来没有在那里读过书：战争做了另外的决定。

这场大战我们以为会像马恩河战役那样持续很久，只是稍微再往南一点……实际上我很快从南方到了圣让・德・路兹，我和我兄弟，还有一个大学预科班的同学，让-皮埃尔・罗森瓦尔德（Jean-Pierre Rosenwald）（他后来在比尔－哈凯姆（Bir-Hakeim）牺牲，得到了解放勋章），从那里出发去和某个戴高乐会合，我们几乎不知道戴高乐在溃败前做过几天副国务秘书。但是我们还是知道他是未来的抵抗者，因为这种消息不胫而走！

从 1940 年 9 月，我 19 岁生日那天，在达卡尔行动失败，一直到第二装甲师，我最终于 1945 年到了德国贝尔特希加登（Berchtesgaden）。出于收集战利品的目的，我从鹰巢带回了希特勒的 20 cm 直尺（今天在荣军院的博物馆里）。但是战争即将结束，我迫不及待地想做其他事情。幸亏

在听到战争结束的宣告后，我所在师的坦克团当是放烟花那样朝天上放了几弹，明亮耀眼，我手下的弟兄们为了应和也朝天放枪，这事让我的上级主官非常不满。

于是我兴高采烈地被重新发配回法国。当时的法国沉浸在异常兴奋的气氛中：百废待举！我们好几个人急切得想要重建一个富有生机的法国科学家群体。我们感到正在发生一些激动人心的事情，我们想尽全力参与其中并让我们的国家从中受益。包括我在内的优秀的学生们迫不及待地重返校园。因为发生了广岛的原子弹，我先去了普林斯顿，奥本海默（Oppenheimer）在那里，我想在原子方面可以做些什么事情。随后通过朱尔・盖隆（Jules Guéron），伯特兰・戈德施密特（Bertrand Goldschmidt）和莱夫・科瓦斯基（Lev Kowarski）这三位大战期间在加拿大研究核能问题的法国科学家，我在罗切斯特大学待了三年，这归功于在该大学统领物理学的罗伯特・马沙克（Robert Marshak）。

正是在那里我完全沉浸到对量子理论的学习研究中去。虽然在大战前我就已经有大致模糊的印象，比如我听说过海森伯（Heisenberg）的测不准原理，我不太明白是怎么回事。幸亏科学精神重在提出问题而非拥有知识，因此我开始学习随后将要教授的知识。

回过头来看，我似乎不是个坏老师，或许战争的机缘巧合无意中帮助了我……军队就是军队，我最初在前线，然后就拉到后面，到了中非的步兵营，我们所做的确实只是在灌木丛中行走。有一天，我们收到十二

辆摩托车，因为我之前是大学预科班毕业的，所以有着科学家的美誉，我也不避嫌这个称呼，一纸令书传达下来，让中士长弗雷杰蒙的助手准尉梅西亚为未来的摩托手上一节摩托车的课。我对摩托车一无所知，但是中士长弗雷杰蒙什么都知道。他花了一个礼拜给我灌输理论和实践。十五天后，考生都顺利通过路考（交通规则考试却是一团糟：我没有想到教士兵交通规则，因为他们行驶在一个压根就没路的国家）。从初次教学经历中，我尤其吸取了如下经验：一辆摩托车造出来是为了行驶，为了不招麻烦，最好不要违反它的行驶规则：不知不觉中，我刚为以后所说的"计划教学"打下了基础……

20世纪50年代，我最终去了原子能总署，加入到几个声名卓著的同志的队伍中去，其中有阿纳托尔·阿布拉甘（Anatole Abragam），在接他班之前，我是物理学部助理主任，米歇尔·特洛什日（Michel Trocherie），克洛德·布洛赫（Claude Bloch）和朱尔·霍洛维茨（Jules Horowitz），后者是个很棒的家伙，非常懂得关注别人的感受。我的量子力学教学开始于蒙德斯－弗朗斯（Mendès-France）当权的时候，高师毕业的伊夫·罗卡尔（Yves Rocard）和副署长皮埃尔·纪尧姆（Pierre Guillaume）有着共同的决心，让原子能总署的科学家们为高师的学生上课。因为这是当时法国唯一的量子力学课，学生们一周一次坐大巴从巴黎跑到萨克

雷……就这样我得以成为比我厉害得多的人的老师，皮埃尔－吉耶·德热那（Pierre-Gilles De Gennes），克洛德·科恩－塔诺季（Claude Cohen-Tannoudji），还有罗杰·巴立昂（Roger Balian）。巴力昂的家庭多少是从亚美尼亚大屠杀中幸存下来的，他跟其他法国犹太人一样，对法国充满了爱国主义情感和深厚的爱，从性质上来说和欧洲其他国家所发生的不太一样，因为不管是否合乎其他国家的利益，法国曾经是而且仍然是发生过法国大革命的国家。

我的课也让我通过阿尔弗雷德·卡斯勒（Alfred Kastler）而结识了乔治·夏帕克（Georges Charpak），他是个让人非常肃然起敬的人。

我在教学上也特别得益于马莱－伊萨克（Malet-Issac）的历史教材。和很多人一样，我是从马莱－伊萨克的教材中学到法国历史，同样，在战后儒勒·伊萨克（Jules Isaac）写的关于反犹主义的书帮助我对此问题有了清楚的认识。但是更单纯地说，当我看着我那两大册量子物理课本时，我惊讶地发现儒勒·伊萨克对我在写书时注重版式和段落结构以便能够尽可能清晰地陈述，起到了何等影响。

总的来说，多亏了儒勒·伊萨克我才能够把我的物理学知识传授给克洛德·科恩－塔诺季。学生很快就超越了老师。这是让老师最为欣慰的事。

阿尔伯特·梅西亚

克洛德·科恩–塔诺季
Claude Cohen-Tannoudji
法兰西学院
巴黎高等师范学院卡斯勒–布洛赛尔实验室
法国科学院
诺贝尔物理学奖
哈维奖
法国国家科学研究中心金质奖章
三物理学家奖

物理图像，量子概念

当我们首次接触量子力学时，很难不感到迷惑，因为这些需要吸收的新概念跟我们熟知并遵循以解释我们周围宏观世界的理论相去甚远。我们很明白，经典物理学法则不能解释构成原子的电子的行为，这样一个系统的稳定性，和它所发射的辐射频率的非连续性特点。但是怎样通过用物理意义看上去很神秘的，具有复数值的非定域的波函数来描述像电子这样的点态对象，以使这些问题得到解决呢？要学会解决，至少近似解决描述这个波函数演化的薛定谔方程，就必须面对一些数学困难，除这些数学难题外，还有为给出实验的正确模型而产生的物理阐释问题，以及辨认互相作用的系统和恰当的物理尺度。

在我开始科研生涯时当然遇到了这些困难，几年后，当我在大学教授量子力学时也碰到同样的困难。我的方法是一开始把概念问题放置一边，在我看来，这些概念问题只能放到下一步，等我们对这个主题有了一定了解以后，再解决。在我看来，最重要的是一开始获得对量子现象的一些直觉体会，研究尽量简单的能使人建立物理印象的系统，当然同时要确认这些印象不会和量子力学的强制限定产生矛盾。

能够让我们熟悉量子物理的简单系统的最清晰的例子之一在我看来是二能级系统，它只拥有两种状态：φ_1 和 φ_2。例如，它对应于拥有 1/2 自旋的原子磁矩可以有两个不同的朝向，平行或反平行于加在坐标轴 z 方向的磁场方向。它使我们能够引入物理量的量子化概念：正如斯特恩（Stern）和盖拉赫（Gerlach）实验表明的那样，磁矩 M 沿坐标轴 z 方向的分量 M_z 只有两个可能的值。

它同时使量子力学核心概念（如果量子力学有核心概念的话），即态的线性叠加，显得不那么神秘。一个线性叠加 $c_1\varphi_1+c_2\varphi_2$（$\varphi_1$ 和 φ_2 是两个态，系数 c_1 和 c_2 为复数），事实上表现为一个有明确自旋方向的状态，不同于坐标轴，这个自旋极角简单地和复数 c_1，c_2 的模和相对相位联系在一起。特别是 c_1，c_2 相对相位只是和坐标轴 z 垂直的平面的自旋方位角。这样我们就更好地理解了物理量大小的数学表达中复数的重要性。薛定谔描述磁场中的自旋演化的公式就很容易求解了，它的解可以单纯解释成相似于陀螺进动的围绕磁场的拉莫尔进动。一点也不奇怪二能级系统现在在量子信息领域扮演主要角色，它们在这个系统中表现为信息基本单位，名为"量子位元"。两个有双能级的系统可以存在于所谓的"纠缠" 状态中，这是无法用经典理论来理解的关联状态的最简单例子，它们是像量子密码学那样的现代应用的基础。

我们还能举出很多这样的指导性想法的例子，它们使人们对量子效应有了简单而形象化的理解：位置和速度的测不准原理导出了动能和势能折中的想法，来解释原子的尺度和稳定性；时间和能量的测不准原理让我们能够理解，系统从初始态演化到有同样能量的终态时，量子系统可以达到一个能量差值为 ΔE 的中间态，只要对应这个"虚拟"跃迁的时间足够短，跟 $h/\Delta E$ 在同一个数量级，这里 h 代表普朗克常量。我们可以这样来解释隧道效应，交换静止质量不为零的粒子的相互作用范围。在一个量子系统的基态，譬如简谐振子，对应于零平均值，位置和速度有非零的可能值，这个事实可以帮助引入量子波动概念，在很多领域这个概念很有用。同样，在量子电磁场的基态，在没有光子的情况下，应该存在波动的电场和磁场，他们通过可被观察的效果放大，譬如原子能级的兰姆（Lamb）位移或卡西米尔（Casimir）力。

因此，我坚信进入量子世界最好的方法是按照系统复杂程度依次研究，每次都尝试建立起简单图像，归纳出普遍想法。当然，也必须解一些方程，但是必须要让方程自身"说话"，找出它们蕴涵的想法，以便对图像摆弄起来更加确定，避免走弯路。我同

样坚信从这些图像出发，我们可以提出新效果，探索新情况。创造性的想象力通常来源于图像。

在我看来，只有对量子问题处理上有足够把握，我们才能更有效地处理概念层面，解决阐释困难。诚然，量子力学获得了辉煌的成功，能够解释如此之多物理效应的理论很少，它们是我们日常生活中使用的比如半导体、激光、发光二极管等的所有技术产品的基础。然而，概念上的困难一直存在，本书其他文章说得更加详细，比如任意地把观察到的微观系统 S 和测量仪器 M 分开来，前者的演化遵循薛定谔方程，后者则约减所观察到的系统的波函数，以便提供有一定概率的测量结果。此外，薛定谔方程的线性特征导致：如果 S 存在于状态的线性叠加中，而量子力学应用到"系统 + 测量工具"的总和上，$S+M$ 的最后状态可以存在于截然不同的宏观状态的线性叠加中。这就是著名的薛定谔猫的悖论：它可以同时活着和死去。当然，量子退相干理论可以解释为什么仪器和环境之间必然存在的连接能够在很短时间内使宏观层面上不同的 $S+M$ 状态之间的叠加消失，换成更容易理解的状态间的统计混合。让我们回到薛定谔猫上来，它以某个概率活着，以与之互补的概率死去。它或者活着或者死去，两者从来不同时存在。然而，量子消相干理论并不能解释"测量"最终结果的唯一性，更广泛地说也不能解释宏观世界的唯一性。

我想我们对量子力学的理解在未来能达到的进步取决于实验的发展。我们对原子系统的掌握在近几十年内大大增强，我们现在知道控制单个或少量原子和光子，并且能对越来越多的此类系统制备纠缠态。因此，我们可以测试量子力学是否可以继续被应用到越来越不微观，即越来越宏观的系统中，并如此来探索两个世界间的界线。可能我们会发现，复杂到一定程度时，必须把薛定谔方程换成另一个能使我们懂得系统将如何朝着单一测量结果发展的方程。可能其他想法会出现，为我们提供新线索，发掘能激发我们想象力的新图像，为什么不呢？

克洛德·科恩-塔诺季

让·达里巴尔
Jean-Dalibard
法国国家科学研究中心/
巴黎高等师范学院卡斯勒-布洛赛尔实验室
巴黎综合理工大学
法国科学院
布莱兹·帕斯卡尔奖章
让·里卡尔奖
美尔吉埃-布尔德克斯奖

薛定谔之兔

不管是在乡间或在城市，如果我敢在晚宴时提起研究量子力学，就应该立即准备好回答别人不可避免地要提出的这项研究的意义的问题。于是我会回答说这个学科能使我们更好地理解微观世界；为了说服听众这个学科的合理性，我会补充说通过电子技术、激光、医用成影的发展，量子力学产生了工业化国家国民生产总值的很大一部分。但是我不会提起对于我们中很多人来说的本质动力，即经常地感到惊讶而带来的快乐。

惊讶并不是不解的同义词。本书中很多作者引用了理查德·费曼（Richard Feynman）的句子"我想我可以毫不担心地说，没人懂得量子力学"。虽然我对费曼满怀敬意，但我不敢恭维他的夸张，我觉得这会误导不知情的读者。使用量子力学工具接触一个新问题时遵循的方法没有一点模糊的地方；量子力学不允许有一丁点模棱两可，对于一个既定的实验方案每个人都可以完整从基本原理推演到预期的结果，而且这些预言（直到现在为止）和测量结果是吻合的。当然，正如对量子力学并不客气的热内·托姆（René Thom）所说的，"预测不是解释"，但是量子力学远远不单是一台预测机器：它为物理世界描述提供了总体框架，其最为优雅的地方是我们只需要为数不多的几条公理。在这种情况下，说"我不懂"对我来说……很难理解。相反，量子力学实践者们不时获得和他们最初直觉相违背的预测，对这些惊讶之处的分析在推动想法前进时起到了首要作用。

在看魔术表演时，看到新花样，我们会觉得惊讶，看到一只兔子从空空的帽子里钻出来，我们会在散场的时候自言自语说"一点都弄不明白"。但是当魔术师向我们解释幕后真相时，我们的不解就消失了，这时剩下的只有对艺术家技巧的赞叹。量子力学研究给了我同种类型的惊讶，唯一不同的是幕布是敞开的，各种技巧都被解释过了。一个既可以在屏幕右边，也可以在屏幕左边的粒子所循道路之间的干涉，光子状态的瞬时传输，液体变得超流，没有任何黏性地在量子涡旋的丛林中流动。所有这些量子理论的兔子从几个初始公理出发找到了合理性。

　　面对量子世界时的惊喜在教授这门学科时又重现。诚然，教学方法并不简单：如果学习一门物理理论可以比作发现一个历史建筑，学习量子力学更像是参观圣礼拜堂而不是凡尔赛宫。只有穿越狭窄的院子和下层的厅堂，我们才能发现它稀有的珍宝 *。但是一旦处于那个环境中，学生们兴致勃勃地参与到游戏中，竞相比赛创造力，看谁能创造出新花样，暗暗尝试决定粒子在左还是在右，或者尝试使他们的同学瞬间转移。《科学和生活》 杂志 2009 年 2 月份那期封面提出了这样一个问题：量子力学使人疯狂？出于对自己精神健康的担心，我发邮件给综合理工学院那个时期听我课的那届学生，向他们提出这个问题。学生们几乎一致回答：

$$\frac{1}{\sqrt{2}}\left(\left|\,\text{是}\right\rangle+\left|\,\text{否}\right\rangle\right)$$

他们真的懂了……

让・达里巴尔

---

* 巴黎的圣礼拜教堂由路易九世兴建，分上下两层。

劳里阿娜•舒马兹
Lauriane Chomaz
巴黎综合理工大学

在火炉边

冬夜，我和父亲安坐在我们那时的老房子的客厅里。我七岁左右。我们的猫舒舒服服地蜷缩在我们身边打呼噜。我们的狗躺在楼道上，它知道禁止跨过门槛，但还是试着多靠近地毯几厘米，而（它认为）我们并没有察觉。壁炉中的火为我们带来了轻柔的温暖。我们专注于摆在我们面前的手提电脑。屏幕上是不断变换的幻灯片。我们的目光聚集在一块调色板上，这是我们共同的武器。我父亲画有着绿色枝干和棕色叶子的树，该怎么为他的同事们准备清晰的陈述呢？我对物理学所做的第一次贡献，也是我和物理学的第一次联系：替我父亲准备图画，尤其是戏弄他的色盲。"爸爸，你看到的是什么颜色？"

就这样当我还很小的时候就浸淫在物理学中，我在物理学中长大。我不是很懂，因为爸爸不怎么给我讲这些。其实，一开始，我埋怨物理学。我埋怨它偷了我父母，因为他们总是在世界各地到处跑。我在心底总是有这样一个模糊的印象，我没有和其他人一样的家庭生活……同时，我很骄傲，骄傲有醉心于科学并让人着迷的父母，他们试着理解这个世界。我在学校里画的画表现的就是原子。

物理曾是我的生活方式和运行方式。我曾经这样生活过，后来又对此提出质疑。但我总是渴望理解它，它成为了我的爱好。父女相承接受起来并不容易，疑问相继涌现，我一直在置疑。和物理学的这份特殊联系促使我现在将开始做博士论文，关于从一组束缚在二维空间的被激光冷却的原子出发，模拟量子霍尔效应这个磁现象。

劳里阿娜•舒马兹

罗杰·巴利昂
Roger Balian
理论物理研究院/原子能总署-萨克雷
法国科学院
乌帕萨拉皇家科学院
亚美尼亚共和国国立科学院

我的量子之路

当我被建议写一些对量子力学的思考时，我一时感到尴尬。就一个平凡的日常工具该说些什么呢？随后，回想半个世纪前，对量子理论的记忆涌上心头……

我的量子理论历险记起始于阿尔伯特·梅西亚（Albert Messiah）的课。20世纪中叶，我们所继承的是一个既新且旧的矛盾的处境。诚然，实验核物理在我们国家蓬勃发展，诚然，路易·德布罗意（Louis de Broglie）为物质的波动力学的产生做出了至关重要的贡献，但是对被看做是"德国式科学"的理论物理的反对潮流还是统领着当时的法国；而且，科研还是深受两次世界大战创痛的影响。当时的量子物理远远不像现在是一门基础科学，它还没有形成任何系统的教学。但是有一帮刚从美国、英国和哥本哈根回来的年轻物理学家。他们在那里学习了新物理学，他们成了我们的老师。这样，1957年，克洛德·布洛赫（Claude Bloch）和儒勒·霍若维兹（Jules Horowitz）在萨克雷

数学物理部（SPM）接收了初出茅庐的我，那里正在开始同时发展核反应堆物理和理论物理。我们在那里通过席夫（Schiff）的书学习量子力学基础知识，随后我们试着读狄拉克的书。由国家核能科技研究所组织，在萨克雷上的梅西亚的课让我们大开眼界。我很荣幸成了他的小白鼠，解决了他的所有习题，这些习题后来成为他的书的亮点之一。国家核能科技研究所其他的更加专业，而且在当时独一无二的课向我们展示了量子力学的威力和无处不在，其中有克洛德·布洛赫（Claude Bloch）的核反应理论课，阿那托尔·阿布拉甘（Anatole Abragam）磁共振的课，安德烈·艾尔平（André Herpin）的固体物理课。

莱乌什的暑期学校为我们这一代大多数物理学家提供了补充教育，塞西尔·德维特（Cécile DeWitt）在饱受法国理论教育的极端匮乏之苦后，于1951年建立了这个学校。凭借常人不可企及的精力和效率，她在非常

艰苦的条件下每个夏天都成功请到最著名的物理学家来祖什讲课，他们在那里同时上基础课和现代课。每次两个月的长度不仅使参与者尤其在量子力学领域获得了深厚的基础，而且也在他们之间建立起超越界限的持久联系。我们再怎么强调法国（甚至世界）物理学如何得益于这个机构都不够。对我而言，1958 年那次给我带来了启示，是我选择专业的起点。在国际化的友好气氛中，我发现了"多体问题"，多粒子系统量子理论；尤其是当时全新的 BCS 超导理论由它的作者们亲自教授（多年以后，因为塞西尔·德维特的信任，我荣幸地成为这所暑期学校的负责人）。

讲述这些回忆让我意识到量子力学在我的研究工作中发挥了核心作用。我最初的研究是和当时也是刚起步的文森·吉列（Vincent Gillet）合作，课题和核物理问题有关。随后和克洛德·布洛赫，希哈诺·德·多米尼斯（Cirano De Dominicis）合作，将场论的方法应用于非零温度下量子液体的研究。1962 年我在拉霍拉*待了一年，期间有幸得到沃尔特·科恩（Walter Kohn）每周一次的接见，就像他对待他的学生那样。在他的建议的引导下，理查德·魏泽曼（Richard Werthamer）和我通过对原子配对的临界点分析，发展了氦 3 的超流理论。我

们的预言等了十年才得到实验的证实；这牵扯到液态氦 3 的 B 相，需要在比 A 相低的温度下才能实现（安德逊·布林克曼（Anderson Brinkman）和莫雷尔（Morel）的理论对其进行了描述）。在拉霍拉期间我也有机会和吉姆·郎格（Jim Langer）一起分析超导相变临界点附近的行为。

然而我大部分研究是在理论物理研究处友好和具有启发性的气氛中完成的，这个研究处是从数学物理研究处发展出来的，现在成了理论物理研究所。这个实验室中大部分理论物理分支同时并存，这催生了很多富有成果的交流，一些独特的合作就是休息时间在一块黑板前开始的。半个世纪以来，理论物理研究处吸引了来自世界各地的访问者，它成为了理论物理，尤其是量子物理的圣地。它是法国自然科学的培养基地，我们可以从皮埃尔 – 吉耶·德热那（Pierre-Gilles de Gennes），罗兰·奥姆奈斯（Roland Omnès），雷蒙·斯多拉（Raymond Stora），莫里斯·雅各布（Maurice Jacob），马塞尔·佛罗萨（Marcel Froissart）等在那里起步的科学家们（仅限于我这一代科学家）身上略见一斑。研究处的历史仍有待书写。

虽然枯燥的列举可能会让读者感到厌烦，但我仍希望在本书中提及数年来和我

在量子问题上有过合作的同事们。我们的共同研究体现了量子力学极具多样性，并和数学有着不可分割的联系。我和克洛德·依兹克逊（Claude Itzykson），爱德华·布雷赞（Edouard Brézin）一起研究了在多体问题中涉及的群的结构。我先和克洛德·布洛赫，随后和伯特兰·杜布郎杰（Bertrand Duplantier）一起研究了波和它的"骨架"，即它背后的经典射线束的关系，这个想法可以用于原子核、原子团，或是卡西米尔（Casimir）效应；值得注意的是，不仅仅是量子波在高频的行为，甚至他们精确的形式都可以从经典的轨迹或射线推导出来，只

要是在经典方程中的坐标作解析延拓的条件下。微扰法往往提供非收敛的渐近展开；我和吉奥赫吉奥·帕里兹（Giorgio Parisi），安德烈·沃若（André Voros）展示了如何从中获得可靠的信息。我和克洛德·依兹克逊（Claude Itzykson），让－米歇尔·德鲁佛（Jean-Michel Drouffe）一起结合粒子物理和量子统计力学，为研究强相互作用的格点规范场理论打下基础。我们和马当·拉尔·梅塔（Madan Lal Mehata）研究了费米液体传播问题，和达尼埃尔·贝希（Daniel Bessis）研究了半导体连接，和马塞尔·维内罗尼（Marcel Vénéroni），保尔·彭希（Paul

Bonche) 和于贝尔·佛罗卡尔（Hubert Flocard）一起建立研究原子核内量子关联和涨落的研究计划。在和当时快要发明（用来分析石油勘探中的信号的基本对象）小波的工程师让·莫尔莱（Jean Morlet）讨论以后，启发我提出了一种"强不确定性原理"。其他量子力学方面的共同研究涉及冯·诺依曼（Von Neumann）熵：我和南多·巴拉兹（Nándor Balázs）展示了它是如何从拉普拉斯无差别原理中发展出来的；我们和约翰·阿尔哈希（Joram Alhassid），雨果·韩哈特（Hugo Reinhardt）一起运用它来建立量子系统中集合变量的耗散动力学。

量子力学不单单影响了我的研究。在面向大众的讲座和文章中，我指出它不仅支配微观物理，也从本质上悄悄支配宏观世界的大多数现象，我觉得这很有意思。当我负责在巴黎综合理工大学教授统计物理时，我觉得把我的课建立在量子力学和信息理论这两个基础上是合适的，原因有多个。从概念的角度来说，经典统计力学的多种困难的解决得益于量子光谱的非连续性特点和对全同粒子的明确处理；与其把经典统计力学当做独立理论来教，我把它当做量子统计力学的极限。另外，现代大学教学中对统计物理的教授应该为量子理论的重要主题保留一席之地，比如：辐射热力学、固体比热、金属和绝缘体的区分，特别重要的是理解半导体的特性，它有如此众多的应用，从晶体管到发光二极管，从光伏电池到复印机。最后，恒星的运行和变化产生了很多量子统计物理研究；学生们对天文物理学的兴趣促使我和让-保尔·布雷佐（Jean-Paul Blaizot）发表了一篇探索这个方法的教学文章。

近年来，我们和阿尔曼·阿拉维迪安（Armen Allahverdyan），泰沃·纽文于曾（Theo Nieuwenhuizen）一起探索了量子力学的核心问题：测量理论，从20世纪20年代起这个主题就激起了很多争论。为了研究这个问题，我们建立了足够现实的模型来模拟真实的测量，但是模型也足够简单，能使我们对不可逆的过程进行详细的理论研究，通过这个不可逆过程，作为宏观量子对象的设备得以记录被测试系统相关的特性。于是，量子测量的悖论在统计物理的框架下得到解决：虽然动力学过程属于量子范畴，但它也应用到一些我们借以感知现实世界的经典概念，寻常概率和逻辑。这个分析巩固了量子力学的统计学阐释，根据这个阐释，虽然量子理论很本质，但是没法描述单独系统，它仅仅为同样条件下产生的系统总合提供了概率信息。

我的研究生涯就是这样由非常多样的量子理论主题组成。偶然读到的书和偶然碰到的人让我根据合作需要从一个主题跳到另一个主题。这个过程的随意性是不是本身就是量子力学的产物呢？

罗杰·巴利昂

艾雷娜 • 贝兰
Hélène Perrin
激光物理实验室/巴黎十三大

莱乌什的魔力

莱乌什是沙莫尼山谷中的一个村庄，拥有三千居民，有冬季滑雪场，夏季山间度假村……还有一年对外开放十个月的物理学校。莱乌什学校是个奇特的地方。五十个学生和他们的老师与世隔绝，整天待在一起，一起吃中饭，一起散步，一起做物理——还有音乐。这个独一无二的学校给参加者留下了久远的印象，它见证了很多友谊和科研合作的诞生。

莱乌什，1999 年 8 月。相干物质波研讨班。超越时间之外的五个星期。我们五十多个博士生和年轻的博士后一起聚集在十几个小木屋中学习现代量子物理，老师是一批已经获得或将要获得诺贝尔奖的科学家。学校校长弗朗索瓦 • 大卫（François David）耐心向我们解释徒步行走和登山是两回事，我们应该小心谨慎。当然，后来几天有两个迷途羔羊攀登勃朗峰，被沙莫尼的宪兵救回来。不过从总体上来说，五十多个学生还是很守规矩的。最初三个礼拜，我经常和塞巴斯蒂安·比兹（François Bize），阿诺·罗生柏特（Arno Rauschenbeutel），斯特伐诺·奥斯那吉（Stefano Osnaghi）和蒂柏·庸克尔（Thibaut Jonckheere）一队人散步。他们走得很快，我需要用好大的劲才能跟上他们的步伐。在攀登必经的帕阿里翁山后，我们又攀登了莱乌什峰，还爬了波松冰川。我们看到众多折叠、破裂、摇摇欲坠的冰川——一副末世景象。有一天我们从冰海回来有些晚了，将将赶上下一堂课……

但是最美妙的散步应该是布拉特荒漠之行。我们坐车直到一座不可逾越的悬崖的脚下。实际上，在逐渐靠近时，我们看到确实有一条路，很狭窄，尤其是很陡，在几乎垂直攀爬六百米后，到达一块平地。布拉特荒漠名副其实：荒无人烟，只有几只羊在吃草。我们好像进入另一个世界，碎石横生，矮草遍地。想进入到这里，要么攀爬陡坡，要么步行好长一段路从高台背面绕道几十千米。简而言之，只有我们在那里，这种与世隔绝的感觉很让人陶醉。在顶上绕了一大圈，绕过布拉特峰之后，我们沿着德拉什瓦山崖的栈道攀岩下山，途中我好几次因为身高矮了几厘米而发脾气。

最后两个星期，我很高兴我的家人来看我，我们住在村里。我们不得不收敛爬山

的雄心，因为我十二个月大的儿子还不会走路。但是很快我儿子也被莱乌什学校意气风发的气氛所感染，他在学校酒吧的沙发之间迈出第一步，他咯咯笑着，想去抓从他头上飞过的一包巧克力。不过还是要承认他也很喜欢路边摘来的野蓝莓。训练几分钟后，他跟我们一样迅捷，知道怎么小心翼翼地用大拇指和食指把蓝莓摘下来。

莱乌什，2003 年 4 月。低维量子气体研讨班。为期两个礼拜。这回是我，路德维克·普里古潘科（Ludovic Pricoupenko）和马克西姆·奥尔沙尼（Maxim Olshanii）一起组织。这带来一些好处，比如有可能就地和孩子们——现在有两个了——住在一起。他们还能享受最后几厘米的积雪。坏处是：组织一期研讨班任务繁重，一年前就要着手准备了。如果想利用课间休息出去散步的话，还是做学生比较好！幸亏学校秘书处的伊莎贝尔·勒列尔夫（Isabel Lelièvre）和布里吉特·茹赛（Brigitte Rousset）习惯了有效的组织工作，一切进展非常顺利，除了一个以色列学生在山间迷路，最后一刻被一个好心的樵夫领回。山谷居民开始明白如果在山上找到一个迷路的年轻人，样子有点粗心，不会说法语，很有可能是从沙瓦内那边过来的……虽然有压力，学习繁重，睡眠不足，我们还是充分享受了蓝调爵士晚会，

约尼·哈肯斯（Johnny Huchans）弹钢琴，马克西姆·奥尔沙尼吹口琴。最后一天，朱克·瓦尔拉文（Jook Walraven）上那期最后一堂课，他盛赞莱乌什学校，让我们都情不自禁地掉下眼泪。

莱乌什，2006 年 9 月。为即将读博士的学生讲授冷原子。为期两个礼拜，但我只待了一个礼拜，因为带着三个小孩出门超过一个礼拜变得比较困难。多米尼克·德郎德（Dominique Delande）1999 年的预言成真了："你看吧，我们一开始是学生，然后再回来就是老师了"。这一年，是我站在阶梯教室黑板前给学生们上课，上了四节激光冷却的课。让人印象深刻。然而莱乌什的魔力又一次见效了：学生们离老师非常近，慢慢就熟络了。最后我们围绕在钢琴周围，欣赏了一会儿室内乐。这一年有两个出色的小提琴手，我们就能欣赏醉人的二重奏。随后，大家都玩起了桌上足球。

莱乌什，2007 年 10 月。这期内容是量子测量学。我参加了两个礼拜的头一个礼拜。量子力学的两个截然不同的领域聚集在一起：原子领域（气体）和凝聚态领域（固体）。我本应该在两小时内主要为固体物理学研究者们讲解激光冷却，玻色 – 爱因斯坦凝聚和原子干涉仪诸多内容。很显然我超时了。没关系，我们晚上继续上课，勇敢的学生很多。我因为运气好，第二天还在，这年就有时间攀爬帕阿里翁山，自 1999 年来我一直没有机会。此外，我还有幸和一个年轻的英国姑娘演唱了一曲"女人皆如此"。

莱乌什，2008 年 10 月。为期两个礼拜的冷原子课。谁让我们喜欢这课呢……这回，第一个礼拜要准备的五堂课使我很少有时间爬山。一样的是，就算我们过来只为了工作，这也是备课的绝佳去处，或者说是扩展文化的绝佳去处。

我在莱乌什的下一期课会在什么时候？

艾雷娜·贝兰

真是奇怪……

尼古拉·特雷普
Nicolas Treps
卡斯勒-布洛赛尔实验室
皮埃尔和玛丽·居里大学
欧洲研究委员会起步奖

当我们问起什么是量子力学，一般能得到的唯一解释是它很奇特，甚至很奇怪，不管怎么样，它和直觉不符；因此它很大程度上还不为人所知。然而，如果我们选择量子力学作为研究主题，恰恰是因为它的独特吸引了我们。我们试图展示什么呢？既然量子力学是我们这个世界的基础，那么它的特性在其中隐隐闪现。我们试图使它可被呈现出来，这就是全部答案！于是，量子力学变得不再奇特或奇怪，它仅仅是自然法则的体现，我们甚至可以直接观察到它的外在表现。

它表面上的矛盾在上课的时候却重新变得有用起来。就像走钢丝表演，无穷小的特别的性质使人兴致盎然，甚至让人惊讶不已。随后，理论所具有的深刻理性又重新出现，对它的理解来自于规范化和数学框架，应该承认的是，还来自于习惯。这时，我们很接近直觉，当越来越接近直觉时，我们又不知所措：奇怪吗？你是说奇怪吗？

尼古拉·特雷普

安东·泽林格
Anton Zeilinger
法国科学院
沃尔夫物理学奖
依萨克·牛顿奖章
费萨尔国王奖

一个特权

让我们来玩一个游戏。在一个坛子里有三个球，黑色或者白色，木质或大理石质地。规则是：每当一个球被发现是黑色的，其他两个只能是由相同的材料制成的，都是木材或大理石。每当一个球被发现是白色的，其他两个球是由不同的材料制成的，一个是木材，另一个是大理石。你被允许检查规则中的每一个细节，但你仅可以看一只球，以确定它的颜色，或者你可以检查其他两个球，以确定它们的材料，可能是通过触摸他们。每次球被放回，你按照规则玩了很多遍。

现在，您被允许看两个球，而不去检查它们的材质，你会发现它们都是黑色的。第三个球将是黑色或白色的呢？显然，你的结论是，第三个必须也是黑色的，因为前两个球已经决定了所有三个球的材料必须是相同的。所以你查看第三个，绝对出乎你意料的是，你发现它是——白色的！！但是，你惊

呼，这是不可能的，因为这将意味着，其他两个球是由不同的材料构成的，显然与你刚得出的它们必须相同的结论自相矛盾。你现在被告知，这是处在被称为纠缠态的特殊状态的量子球。不愿意承认被打败的你要求更深入的了解。

这个谜团的重点在于，在任何给定的时间，对于任何球，你只可以检查一个特点，或者是颜色或者是材料。得出的结论是，在没有通过直接观察来检查一个特性时，譬如在刚才的难题中的材料特性，你是不被允许来假设，这些球具备这些功能的，因此，你是不允许在此基础上得出结论的。因此，即使每次你知道一只球是黑色的，你发现其他两只球是由相同的材料构成的，你无权不经检查就作出他们实际上是由相同的材料制成的结论。

在 1987 年，对于丹尼·格林伯格，麦克·霍恩和我，发现这个难题是一个伟大的

112

惊喜。显然，上面的球只是一个用于演示的思想实验（Gedankenexperiment）。我们在粒子的自旋中发现了它。后来在我的因斯布鲁克和维也纳的小组，通过观察它们不同的偏振特性，我们证实了它。

这种意外，使得广义上来说的科学家，或者特别是量子物理学家，成为最最有趣的

职业之一：发现意想不到的事情，发现违反直觉的，有违常识的行为。但在最后，可以用数学完美地描述，可以被发现存在于自然界。

这一切都始于根本性的疑问，有几个人提出了问题，譬如"世界真的如量子物理学预测的那样奇怪吗？" 随后的实验在每一

个细节上都证实了量子物理学中的有悖常理的预测，这还开辟了通往新技术的道路：量子信息、量子通信、量子态瞬间移动。

作为在这个领域开展工作的国际性团体的一员，我把这看做是一个巨大的特权。无论我旅行到哪里，我总能找到出于好奇而想了解更多这方面事情的人。当年轻人学习到这些量子现象，他们睁大眼睛，脸上喜气洋洋，还有什么比这更好的奖励呢？这个奇妙的科学工作者群体超越了所有界限，这里有坚定的宗教信徒，也有彻底的无神论者，有犹太人，也有穆斯林，这里包括了所有的信仰和所有的国家的人。利用科学的语言他们互相兴奋地交流。

未来对我们是敞开的。到现在我们只做了短短几百年的科学。凭什么说我们就到尽头了呢？现在，我们才开始问一些从根本上来说是全新的问题，并得到了一些答案，希望以后能回答另一些问题。

常有人要我给年轻的初出茅庐的科学家一些建议。我可以告诉他们的是追寻他们自己的好奇心。进入未知领域的冒险是没有指导方针的。听从你的直觉，你的洞察力。你的直觉可能和一个非常资深的科学家一样好。也许，如果你走运的话，它甚至更好。

不要故步自封。没有什么比被一个新的想法牵引更好的了，不管是你自己原创的，还是在互联网上或在科学论文中读到的。而且，作为一个物理学家，要贴近实验。大自然是想法的最终裁判。你可以相信，只要深入挖掘一个问题，大自然就会令你感到惊讶。

安东·泽林格

乔治 • 施里雅普尼科夫
Georgy Shlyapnikov
法国国家科学研究中心/理论物理和统计模型实验室/南巴黎大学
科察多夫奖
亚力山大 • 冯 • 洪堡奖

这就是生活……

你是否想过如何向普罗大众解释你正在做的理论物理？不是在观众或多或少准备听你的公开讲座，毕竟这是由感兴趣的人组成的，他们对于这个题目至少还知道一些东西。我在这里的意思是你意外碰到的人，譬如说在大街上，在火车上，或其他任何地方。

作为阿姆斯特丹大学的兼职教授，我总是在巴黎和阿姆斯特丹之间往返。这些旅行成为我生活的一部分，并在很多方面，变得很有趣。目前，乘坐泰利斯号火车，这样的旅行需要三个小时多一点，而一年前或更早，这要四个小时。这段时间已经足够用来完成即将给阿姆斯特丹大学的学生上课的准备，或考虑与朱克 • 瓦尔拉文（Jook Walraven）和他的量子气体研究小组的物理讨论。因此，从行程本身来说并不是在浪费时间。

然而，我有时对这段时间有不同的利用方法，即在火车上跟我身边的人聊天。

通常情况下，会从谈论列车时刻表开始，聊一些像天气，或别的东西，典型有几个钟头要打发的百无聊赖。有时交谈变得更深入，譬如像"你从哪里来"，或"你是做什么的？"，诸如此类。有时候，我清楚地意识到，对于像我这样学术界的人，有些人我永远不会在别的场合遇到。例如，南美的艺术家，南非的外交官，或从可怕的伊拉克战争逃出来的人。更多的时候，我的邻座是来自欧盟国家的学生、工程师、或者小企业主。

对大多数人来说，我的职业是相当不寻常的，甚至充满异域风情（理论物理，特别是在量子气体领域）。当被很自然地问道"什么是量子气体物理？" 和"为什么要研究它？" 时，很长一段时间来，我为这样的场合发明了一招。我以一种看起来很简单的方式开始解释什么是原子激光。

我问：你知道什么是光学激光？

答案是肯定的，因为大家都知道这是什么。设想，现在你用中性原子来取代激光中的光子。为简单起见，让我用手作演示。然后你会得到一个原子激光。

为什么这样一个原子激光是有用的，这个问题的答案显然更复杂。因为没有人确切地知道为什么是这样。然后我解释它可以用来研究表面结构等。通常情况下，这些话听起来比较有说服力，仅仅是因为大家都知道，光学激光器是有用的。所以，我的"迷你讲座"是成功的。

然而，有一次我失败了，我永远不会忘记这一次谈话。我的邻居是从以色列来的犹太人，他的穿着和行为方式清楚地表明他是真正的宗教徒。他的英语还是相当好的，而且我也很高兴了解他的生活和感兴趣的东西。特别是，我了解到，他住在离耶路撒冷不远的一个小镇上，并且这个镇上有大约200座犹太教堂。所以，我得出的结论是这个城市的人们形成某种宗教社区。然后，这一次是我提出问题：

"你在做什么？"

回答是：

"我研究！"

然后我得出结论，他所有的时间都在阅读宗教书籍。从我的角度来看，这完全是浪费时间，并且可能我的表情显示了这一态度。所以，在他回答完我的关于如何生存的问题（他说，他们从政府获得少量资助，还有私人捐赠）后。他也问道：

"你在做什么？"然后，我告诉他有关原子激光的故事。他说：

"是的，我明白了。但准确地说，你在做什么呢？如你所说你是一个理论物理学家。"

当然我可以撒谎说，我做和原子激光有关的计算，但我还是决定说实话：我从大量至为有趣的公式出发，孕育揭示（由冷原子构成）物质新的宏观态的希望。然后，他回答说：

"这和我做的没有太大的不同嘛。除了你从政府领取一份很好的工资以外。"

为了掩饰我的窘迫，我开始向他阐述，在理论物理领域，在一万个结果中才能有一个是了不起的。作为一个例子，我引用了爱因斯坦的广义相对论和量子力学的基础理论。他同意，并问道：

"你有没有发现一些重要程度差不多的东西？"

我的答案当然是"否"。不过，我补充说：

"不过，我并没有放弃希望，说不定有一天我将会有重要的结果，会让我们对物质究竟是什么有更好的理解。"

然后，他笑着说：

"我也一样。我对自己也有类似的希望。去了解如何使世界变得更美好。"除了在脑海里默念著名的"这就是生活"，我不知该做什么。

乔治·施里雅普尼科夫

朱克•瓦尔拉文
Jook Walraven
范•德•瓦斯–塞曼研究所
阿姆斯特丹大学

等待中的宝藏

　　我进大学是在人类第一次登上月球的年代。我记得那些全家围绕在电视前观看这一盛况的日子。人类在月球上的第一个脚印的著名画面激发了一代人的想象力。虽然这个标志性的画面仍然令人神往，但却没有展示整个正在发展的科学界的面貌。它标志着成就，但却没有洞见内部的细微之处，它们才是科学进步中有特色的标志，但却如此难以传达给普罗大众。"一个人的一小步"轻易地被"人类的一大步"掩盖了。在你面前的这本书让你更加贴近科学实践。让科学家们互相提及，在日常的模式中观察他们。这仍是一个外部的视角，但是是一个很好的视角。

　　在这本书中所描绘的所有物理学家们有幸经历了一个科学领域产生的时刻。在我而言，是原子量子气体领域。在20世纪60年代，研究火箭的科学家们一直梦想着使用纯的原子态的氢做火箭燃料。当时的想法是很简单的。由于火箭的重量大多在燃料，使用最轻的原子作为推进剂是一个全优的方案。在大西洋两岸人们都在做各种实验。我记得有一台仪器，人必须亲身进入其中来换样品。大笔经费被花掉了。人们一度期望把氢做成零压强下的某种固体金属态。但是科学的结果并不由人类的意愿决定，它是等待被发现的大自然的珍宝。我永远不会忘记作为学生的我是如何惊讶，当理论物理学家只是证明了这些猜想是错误的，就失去了继续得到基金的机会。它教会了我，"进步是由一小步一小步组成的，"理论是重要的"和"好的工作可能有意想不到的后果"。

　　氢被证明直到可达到的最低温度仍保持气态。在量子原子气体的研究中它成为参照物，作为理论物理学家和实验物理学家们的测试平台。量子气体很好地证明了组成我们

宇宙的不同基石不可分辨，这一基本的特性深刻地影响着物质的性质。这些性质的研究对象可以从几个原子到以百万计的原子。这些对象通常是可以用光学显微镜观察到的小的气体云，但在一些重要的性质方面，他们跟巨大的中子星的行为没有什么不同。

我用氢这个不牢固的候选人开始的原子量子气体的研究，这个领域现在已经演变成一个成熟的科学领域，在这个领域中，观测周期表中的几乎任何元素量子气体的行为，只取决于科学家的技术水平。早期我们只能做非常基本的实验，而目前量子气体已经被研究到令人难以置信的复杂程度。最令人惊讶的是，最微妙的进展来自于提出的简单如"是在这里还是在那边才能看到？"的问题。始于火箭固体燃料的疯狂想法孕育了很多微妙的进展，例如，限制现代原子钟精度的机理。这段经历揭示了终身献给科学事业的科学家们会获得的回报。

朱克·瓦尔拉文

克里斯多夫·所罗门
Christophe Salomon
法国国家科学研究中心/
巴黎高等师范学院卡斯勒-布洛赛尔实验室
三物理学家奖
美尔吉-布尔戴克斯奖
菲力普·莫里斯奖

光，宇宙和超冷物质

矗立于3600 m高的岩崖上，四周围绕着白得刺眼的冰川，宇宙射线观察点是我观察光和物质的游戏的胜地。它在德军占领法国期间由物理学家路易·勒普兰斯－兰格（Louis Leprince-Ringuet）建立，用来研究宇宙射线，它们是来自宇宙的高能量粒子，能够在地球大气层高处形成光柱和次级粒子。晴朗的日子，随着白天时间的变化，红色花岗岩的山脊，冰塔蓝冰的反射，冰隙持续变化的外形，还有将近正午时白得耀眼的雪，都在日光下相继凸显。太阳下山时，光线变得柔和；来自西方的红色光线像皮影戏一样异常清晰地映照出无数山脊的曲线，这一切在较低处是看不到的。太阳一消失，离太阳非常近的水星开始照亮即将到来的夜晚，寒气越来越逼人，积雪在脚下咯吱作响。银河成千上万的星星在越来越浓重的夜色中渐次发亮。一种特殊的情感将我攫住，当我意识到这些星星发出的而刚刚在我的视网膜结束了它们的旅程的那几个光子，很可能花了几千年时间才完成这次星际旅行！这是宇宙和量子力学的魔法。

是爱因斯坦确立了这些称作光子的光的微小颗粒的特性，我们在实验室里也将光子用作他途，即激光冷却原子。使用激光束从各个方向照射原子气体，有可能将它们冷却到比在大自然中观察到的温度更低的温度：比绝对零度只高了一百万分之一度。在这个温度下，原子以蜗牛的速度行进，也就是几毫米一秒。这些超冷原子气体能使物理学家们研究物质新状态，开发全新的超精密的钟，被称为原子喷泉钟。它们每三亿年的误差不会超过一秒……

那么，让我们再回到宇宙射线观察点的星光之夜上来。远在我们肉眼所及范围之外，在宇宙某处有一些特殊的星星叫脉冲星。这些物体是个头很小且密度非常高的中子星(质量是太阳的1.5倍，半径不过

10 km！）。一个脉冲星高速自转，以至于它的旋转周期只有几毫秒。它以这个节奏非常有规律地发射闪光。最敏感的望远镜在微波波段探测到这种辐射，天体物理学家发现这些闪光出现得如此规律，必须用激光冷却的原子钟的精度来测量它们的特性。比较源于重力的脉冲星"钟"和由量子物理法则支配的原子钟能使我们精确检验爱因斯坦的相对论，并且证实脉冲星发射引力波。

　　中子星也是罕见的量子对象。像所有基本粒子（质子、电子、夸克）那样，中子是费米子。因为它的高密度（每立方厘米十亿吨）中子星是有强相互作用下的费米简并量子气体。事实上，这颗星星的温度如此之高，以至于中子气体是超流体，对这种物质态的描述是极大的挑战！幸亏研究这些奇特对象的物理学家们指出它们和我们在实验室里，尤其是我在高师的小组生产出来的费米子原子气体受同样的量子力学法则支配。我们捕捉到的锂气体是非常稀薄的气体，它们的密度比中子星低二十四个数量级，比我们呼吸的空气稀一百万倍。它们的温度只比绝对零值高了几十纳开尔文。多亏原子被激光

照射时发射出的荧光，我们能用感光耦合元件摄像机拍出这些超冷费米子的原位影像。这些影像提供了关于气体热力学特性和它的超流体特点的宝贵信息。反之，实验室中的测量增进了我们对于中子星特性的理解，虽然它们离我们的星球如此遥远。量子世界法则的普遍性是一个在我看来一直很吸引人的特性。

克里斯多夫·所罗门

阿兰 • 阿斯贝
Alain Aspect
法国国家科学研究中心/光学研究院
巴黎综合理工大学
法国科学院
沃尔夫物理奖
法国国家科学研究中心金质奖章

引人入胜的量子力学

量子力学是有效的

作为物理理论，量子力学首先应该成为我们了解自然现象的关键工具。它完全胜任这个角色，它给了我们关于物质的力学、电子、化学、光学特性的协调一致的描述。它们其中一部分完全超越了经典物理解释范畴。

除了对已知现象的理解，量子力学能让我们想象出比如激光、半导体这样为社会带来变革的新装置。这些装置在大自然中并不存在，它们也并不是由某个幸运的或颇有天分的匠人发现的。我们应该学会承认在薛定谔方程的解中，物理学家创造出纯粹的假想，并且发明新技术来将其实现的可能性。这里，我们发现评价一个物理理论价值的不可或缺的标准，即理论本身比理论家所赋予它的更加丰富。

量子力学是奇怪的

和经典物理不同的是，量子力学的形式化特点很难被源于我们日常经验的图像清晰呈现。对一个浸淫在牛顿和麦克斯韦的思想中的经典物理学家来说，这个世界由点状的粒子组成，通过决定它们运动的场相互作用。从爱因斯坦和他的狭义相对论(1905)提出以来，我们还知道任何场都不能以超越光速的速度传播，不然会使因果概念遭到置疑，因为根据因果律，结果不能先于原因出现。然而，量子力学冲击了这些图像：有固定位置的物质粒子和描述场的波之间的分别在波粒二象性中开始变得模糊，爱因斯坦于1909年就已有所预期，德布罗意于1923年时提出假设，然后由玻尔确立为量子物理法则之一。"波粒二象性"不可能符合惯常图像，或者就算符合，也会让人觉得奇怪，难以接受。

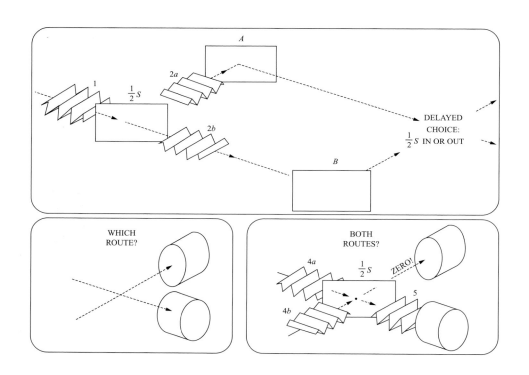

惠勒的推迟选择实验

只有一个光子的波包落到一个分光镜上，被分成两半，我们放置了第二个分光镜，我们深信不疑能够观察到干涉现象，这取决于两片分光镜之间的两条路径长度的不同（"both routes"一图）。但是如果我们不放第二个分光镜，我们发现光子要么从一边通过，要么从另一边通过。它所遵循的路径仅仅通过两个光电倍增管之一监测辨认便可得到。在推迟选择实验中，放不放第二个分光镜在光子经过第一个分光镜时还没有决定。光子"不会知道"我们是否会向它提问"你从哪条路径过来的？"或者"你同时穿越了两条路径吗？"

让我们以约翰·阿什波德·惠勒（John Archibald Wheeler）在1980年构想出来的著名的光子推迟选择实验为例，这个构想要等到2007年才得到实现。根据图和文字说明，我们倾向于把处于第一个构想中的光子描述成不可分的粒子，在第二个构想中描述成一个分离并重新组合的波。然而，两个图像并不相容。玻尔著名的互补原理会让人觉得是解决这个矛盾的途径，这个理论强调两个装置本身也不相容。确实应该做出选择，或者选择两条途径中的一条来探测光子，或者在重新组合两条途径后观察干涉现象，这个选择似乎决定了应该采取的图像。正如玻尔不厌其烦地重复道，一个量子系统的行为取决于所进行的测量，因此光子行为适应所选择的装置并不惊讶。但是惠勒又对这个过分简单的互补理论提出质疑。他指出原则上我们可以等光子经过第一个分光镜后，再在两个装置间做出选择。实验证实如果我们试图知道光子从哪边过，光子的行为就会和粒子一样，在两边中选一边。相反，如果我们把自己置于干涉的装置中，光子的行为就会像波那样同时穿越两边。光子行为在很大程度上取决于采取哪个装置，但是当光子经过第一个分光镜时，我们还没有对装置做出选择。

量子力学是微妙的

面对各种图像之间的矛盾，物理学家可以通过确认量子力学的数学形式就它本身而言没有任何问题而安心：它足够复杂，可以把两种行为统一起来描述。于是，有些物理学家同意放弃图像，但包括我在内的其他人还是需要在进行计算之前把现象用视觉呈现出来以便引导直觉。

实际上和图像做协调是可能的，只需放弃世界的经典描述中的一个元素。对我而言，放弃狭义相对论的定域性（"没有什么比光跑得更快"）为我提供了很多有用的图像。因此，我们可以把惠勒的光子描述成在经过第一个分光镜后分开的两个波包，这很自然就引向干涉现象。要想解释为什么没有双重探测，只需承认不管有多远，第一个探测发生时，第二个波包立即湮没。

这个牵涉到即刻效果的图像似乎先验地和爱因斯坦相对论因果原则矛盾。实际上，我们可以很容易就说服自己说，不可能使用这个"即时还原的波包"以比光速更快的速度来传递一个有用的信息。每次我们关注一个具体的例子，就会得出这个结论。量子力学的形式避免违反操作上的因果律所采用的方法通常很微妙。因此，为了著名的量子态瞬间移动而使用的一对互相纠缠的光子，在这个例子中，不管有多远，对一个光子的测量立刻就会影响另一个光子的量子状态，但是我们只有在使用经典理论的补充信息观察到这个改变。而这个信息只能通过经典途径来获得，即传输速度不能超过光速。以上论证可以避免量子力学和相对论之间产生过大冲突，在行将结束如此复杂的论证之时，我斗胆把爱因斯坦的话换种说法（"上帝虽难以触摸，但本意不坏！"），提出如下想法：量子力学并不阴险，但它很微妙！

阿兰·阿斯贝

让–弗朗索瓦•霍什
Jean-François Roch
分子和光子量子实验室/卡尚高等师范学院

偶然和相遇

量子力学不同于经典物理，特别是对一个量子系统的测量行为会改变这个系统的状态，总体上和测量前的状态有很大不同。因此，系统演化取决于测量结果。同样，我的"量子"物理学家生涯与其说是理性选择的结果，还不如说是跟一些人的相遇决定的。偶然在量子力学中的角色和偶然性对我们生活起到的决定作用之间的相似，我就不再费力展开来说了……

我对量子力学的兴趣在我读物理硕士的时候就萌芽了，尤其是通过阅读刚刚在奥赛光学研究所完成的研究，首先是贝尔不等式的探测，随后是对一个光子进行的干涉实验以证明波粒二相性。

在我将要选择博士论文课题和地点的时候，我碰到了阿兰•阿斯贝（Alain Aspect）。显然，我没有想到这次相遇随后会起到如此决定性的作用。阿兰向我描述了他的激光冷却原子研究，还向我讲起他以前的博士生

菲力普•格朗吉尔（Philippe Grangier）跟他一起进行了单光子干涉实验，这个实验在我学习过程中如此让我着迷。菲力普刚从美国贝尔实验室回来，他建议我做的课题和非破坏性量子测量有关，这结合了量子测量和光学，与我期待的正相符。经过几次交谈（同时也是小的面试），我就在光学研究所他手下做博士论文。我在那里学到了"实用的"量子力学。我明白了如何将量子力学基本概念在现实中转换成实验装置。

之后，当我在卡尚高等师范学院领导一个研究小组时，和阿兰•阿斯贝的又一次交谈使我、他和菲力普•格朗吉尔再次拾起单光子干涉实验。这得益于一个新的发射源，它可以发射含一个光子的脉冲，具有高稳定性。我们觉得尝试进行约翰•惠勒（John Wheel）提出但是因为它的复杂性而从来都没有能够实现的"推迟选择"实验是现实的。我记得我和那时我的两个博士生，文

森·雅克（Vincent Jacques）和武愕，展开了一次讨论。我向他们描述了这个实验，尽管困难重重，他们两人马上就答应了。几个月后，在弗朗索瓦·特萨（François Treussart）和弗雷德里克·格罗桑斯（Frédéric Grosshans）的帮助下，我们非常满意地看到惠勒的提议转换成了实验结果，这得益于我们倾注全力构造的实验装置。这些结果再次核实了量子系统的奇特行为。

现在我的研究方向是在将钻石中的缺陷运用于量子信息。这使我又有了新的相遇，年轻学子叩响实验室的门，满怀初生牛犊的热情，很快就掌握了我们花了很多时间学习的东西……看到两"代"人之间在如此短的时间内有了这样的差距，通过"陪伴"他们做实验从而做出我力所能及的贡献，这些单纯构成了我的职业所带来的最大的快乐之一。

让-弗朗索瓦·霍什

卡伦・勒・于尔
Karyn Le Hur
耶鲁大学

奇特的纠缠

　　量子概念导向的新型知识建立在不同于经典知识的思想上。实际上，纠缠应该是量子物理最奇特的地方。我们联合两个粒子（例如光子，原子或电子）使它们形成同一个整体的两部分，虽然它们在空间中是分开的。因此，知道一个纠缠粒子的自旋态（自旋向上或向下），我们可以知道另一个关联粒子的自旋方向与之相反。更加令人瞠目结舌的是，我们知道由于叠加现象，被观察到的粒子在被测量之前没有单一方向，而是同时处于两种状态中，自旋向上或向下。被观察到的粒子的自旋状态在被观察那一刻决定，并且传递给关联粒子，后者同时获得和前者相反的方向。量子纠缠使相隔甚远的自旋（或量子位元）即时互相作用，它们之间的交流方式并不受光速限制。不管关联粒子间相距有多远，只要它们是与外界隔离的，就会保持纠缠状态。我们可以把量子纠缠看做是在两个分开量子系统间可能建立的奇特的（"**幽灵**"！）非经典关联的一种自然资源，就像能量一样。

1935 年开始，薛定谔就给量子纠缠下了定义，他认为量子纠缠"不是量子力学的特点之一，而是主要特点"，就此把它从经典思想框架中剥离出来。同年，纠缠或没有经典对照物的量子关联导致爱因斯坦、波多尔斯基（Podolsky）、罗森（Rosen）提出 EPR 佯谬，这个对量子力学完备性的著名驳斥，虽然他们并没有使用纠缠这个字眼。

实际上，对爱因斯坦来说，是整个量子物理有问题，具有嘲讽意味的是，我们应该记得正是他关于光电效应的文章让他获得了诺贝尔奖。

欧洲原子能中心的理论物理学家贝尔在 1964 年发表了他的著名定理，为丰富这个课题做出了卓越贡献，但在那个时代的科学界并没有激起什么反响。十几年后人们才意识到这个定理的内容具有本质意义，并给予它应有的价值。

此后这些量子关联的存在被众多不同实验证实。阿斯贝（Aspect）和他的合作者们的实验尤其印证了量子力学的预言，并驳斥了定域的隐变量理论。然而，20 世纪 90 年代开始，人们才发现纠缠现象可以成为一门工具，推动信息领域众多崭新的具有革命性的应用（比如，量子密匙在加密交换中的不可侵犯性或量子态瞬间移动），研究者们开始明白这些非局部关联的性质。纠缠现象也

成为量子计算机的基础。

相当长时间内人们认为量子叠加状态在宏观系统里不能保持，因为有众多量子退相干效应。人们将此看做构造可用量子计算机的主要障碍之一，量子关联的消失会把量子计算机降格到传统计算器的地步。但是近来有科学家（比如布鲁克纳（Brukner），维德拉尔（Vedral）和泽林格（Zeilinger）于 2004 年）宣称在宏观系统中也存在纠缠现象，甚至在非零度的温度下。

我们也可以回想一下贝肯斯坦（Bekenstein）和霍金（Hawking）黑洞的熵的起源是个引

起过激烈争论的问题。早在 1986 年时朋贝利（Bombelli）和他的合作者们就发表了把这个熵看做黑洞内部的量子纠缠。

作为耶鲁大学量子信息中心成员，我的目标之一是决定并量化多体系统内的纠缠现象。我给自己提出的任务是探索凝聚态物质系统内的多体纠缠现象的各个方面，从杂质的纠缠到拓扑的顺序，或者量子计算。对一个量子缺陷和它环境之间的纠缠的理解将会引起一系列有待解决的问题；量子计算机所有物理实现过程在一个色散环境中进行，这个环境只在某种程度上和自旋（或量子位元）纠缠。我和我的合作者们通过描述一个自旋（量子位元）耦合到谐振子无限累积，推动了对纠缠现象和自旋－玻色子模型的量子退相干现象的认识。

必须补充的是，量子临界现象理论能使我们期待量子纠缠和量子涨落之间有着紧密关系。最近，我们确立了，对一维系统，像纠缠的熵一样，子系统数量的涨落，遵循同样取决于系统大小的尺度规律，这表明（数量或自旋的）涨落是一个用来确定纠缠的，特别是在高维情况下的，尺度规律的有用的量。这打开了在多体系统中更好理解熵的纠缠度的标度律的大门。

作为结语，我想应该指出纠缠的熵这个概念出自量子信息研究群体。这就是为什么从今往后我们可以期待量子信息理论通过对涉及大幅涨落的大量自由度的理解能为凝聚态物质领域带来新进展。

卡伦·勒·于尔

达尼埃尔·埃斯代夫
Daniel Estève
原子能总署
法国科学院
安捷伦欧洲物理奖
安培奖
日耳曼奖

通向机器

    物理学家们怀着解释原子世界的愿望最终建立了一个普适的量子理论，可以不加任何限制地应用于任何自由度的物理系统。

    在量子世界中，所有自由度拥有"平等权利"，不管是粒子位置，还是更大一些的对象的位置，或线路中流动的电流，甚至是电流线路的总体状态。显然，像赋予量子对象某种类似分身术的形式的态叠加原理，一旦被考量的系统和环境发生相互作用，所有的量子效应在经典世界中都会消失。虽然在宏观系统中，这个趋势很难避免，但是任何原则都不能禁止实现那些状态变量具有量子行为的机器。就此认定这是可能的未免有些草率，但这是包括我的研究小组在内的科学家们下的赌注，我们的目标是实现一个知道怎么利用量子世界的财富的量子处理器，不管怎样，这是我们的世界。今天已有的几个量子比特（量子位元）的处理器还很简陋。但这个引人入胜的研究从巨大数量自由度的

纠缠的新角度同样测试了量子力学的正确性。用 2^n 个可能量子态的相干叠加来实现 n 个量子位元的存储器，这能实现吗？ 我很想知道，即便只是为了很小的 n 值。

达尼埃尔·埃斯代夫

曾和平
Heping Zeng
华东师范大学
精密光谱科学与技术国家重点实验室
长江学者
国家基金委杰出青年基金获得者
美国光学学会会士

量子奇观：光子计数——如数家珍

《圣经》有云："神说，要有光，就有了光。"光是什么？光由光子构成。光子又是什么？当我们步入量子的殿堂，光子携带着信息在空间、光纤、光波导、谐振腔等各处闪耀。

我们对光子的认识是"眼见为实"。人类的眼睛其实是非常灵敏的光子探测器，可以响应到单个光子，只是人类的大脑有可能将其作为噪声在脑电波信号中滤除。当然，我们可以使用比人眼更好一点的单光子探测器来实现光子计数。雪崩光电二极管（APD）在量子光学中各种各样的实验里大显身手。为了能看到单个光子，APD的增益要很高，噪声则要很低。我们所做的工作就是要通过提高增益和降低噪声来帮助APD从噪声中识别出单光子信号。基于Si-APD和InGaAs/InP APD的单光子探测器的发展使得可见光和红外光的光子计数探测变得更加高效。

Si-APD在可见光区域内单光子探测的性能极为优越，可以实现高效低噪声的探测。但对红外波段的光子，它则跟我们人眼一样无能为力。但我们可以帮助它看到那些"无法看到"的光子。通过光学非线性频率转换，我们可将红外光子的信息以接近100%的转换效率传递给可见光的光子，这样优良的单光子探测器就又可以有用武之地。仅仅一片非线性晶体就可以完成这场魔术。红外的光子进入到非线性晶体中，摇身一变，装束成可见光的光子步出晶体。

光子接踵而来，单光子探测器可以识别。当多个光子并肩而来时，我们就需要更先进的探测器，即所谓的光子数可分辨探测器，可以将光子数得更精确。

利用先进的光子探测技术，我们可以更精准地实现光子计数，对光子了解更多。与光子结成好友，我们便可让它们协助我们在量子的世界里实现保密通信与高速计算。

曾和平

米歇尔·德沃雷
Michel Devoret
法兰西学院
耶鲁大学
法国科学院
安捷伦欧洲物理奖
笛卡尔-雨格奖
安培奖

力学的修正

物理学带给我们最大的惊喜可能是：从本质上来说，量子力学和其他理论一样，也就是说可被修正。

在大学学习之初，我就已经醉心于量子现象。但是在我整个研究生涯中，研究者们探讨这些量子现象的方法发生了很大变化。我第一次上克洛德·科恩－塔诺季的课时，量子力学还只是涉及电子、原子、分子平均行为。随后，物理学家们成功实现了对单个量子粒子的具有里程碑意义的实验。阿兰·阿斯贝（Alain Aspect）的实验，赛尔吉·阿洛什（Serge Haroche）的实验，让－米歇尔·雷蒙（Jean-Michel Raimond）的实验已被人熟知。

我于 1982 到 1984 年在加州大学伯克利分校做博士后研究期间有幸参加了约翰·克拉克（John Clarke）教授领导下的研究小组所做的此类型的实验。跟我一起工作的是约翰·马尔蒂尼（John Martinis），一个非常有才华的博士生，他现在在同样位于加利福尼亚的圣塔芭芭拉大学任教。我们的实验的特点在于它针对一种新型量子实体，它由一个包含千亿数量级的大量原子的电子线路组成。线路是围绕一个超导元件构成的，一个约瑟夫结，它可以表达为没有损耗的电感，但有非线性的磁通电流特性。令人惊讶的是，这个宏观线路在超低温下遵循量子理论的预测，而不是经典力学的预测。这种量子和宏观物理之间的结合现在被称为介观物理。

一般来说，电脑的线路虽然建立在电子这种典型的量子粒子的基础上，但是在信号处理较高层次上，它们同样属于经典世界，因为信号导致成千电子同时运动。电子之间的相对运动虽然是量子化的，却并不影响微处理器内部信号的行为。相反，包括

利回来后，和达尼埃尔·埃斯代夫（Daniel Estève），克里斯汀·于尔比纳（Christian Urbina）一同在萨克雷的原子能总署成立了一个研究小组，我们在 2001 年观察到这些人造原子中的一个被戏称为 "quantronium" 的原子确实表现得和原子钟的原子一样，显现出著名的拉姆塞（Ramsey）干涉条纹。我和耶鲁大学的罗伯·申尔科夫（Rob Schoelkopf）研究小组有合作，三个超导人工原子目前为量子信息处理器提供了雏形。

从长期来看，我在法兰西学院的教学的雄心之一是改变量子力学"奇怪"甚至"不能理解" 的名声。确实，我觉得从信息处理的角度来说，量子力学事实上是很"自然" 的描述，相反是经典力学有各种各样的问题，至少对最小可逆计算来说。量子信息一旦被平常化，标准化，被成千上万的工程师推广应用后，它可能会向我们揭示量子理论摩天大厦中未曾遭到置疑的缺陷。几年后我们将会知道这个有点疯狂的计划是否会顺利完成！

米歇尔·德沃雷

我在内，现在越来越多的物理学家们所梦想构造的未来的量子计算机里，电信号本身就是量子化的。比如，在这样一个计算机的线路中，根据量子叠加原则，电流可以同时向两个相反方向流动。在量子比特超导体中，我们经常能观察到这个现象，它是在伯克利制造的线路的"后代"，也是目前我在法兰西学院的授课内容。量子比特是人造原子，它由电容、电感和约塞夫森结这几个基本元件（至于电阻，它和量子现象不相容）就像乐高积木游戏一样搭起来。我从伯克

赛尔吉·马萨尔
Serge Massar
量子信息实验室
布鲁塞尔自由大学
阿尔卡特-贝尔奖

话题

　　大家认为发明一部会计算的机器的想法可以追溯到巴巴奇 (Babbage)。第一台计算机，电子数值积分计算器 (ENIAC) 产生于第二次世界大战。今天，奔腾处理器无处不在。

　　但是巴巴奇（从未完成）的模型，ENIAC 和它的后继者们真的是地球上第一批计算机吗？每个神经系统，每个大脑不也在进行信息处理和计算吗？难道不应该再追溯到通过其各个组成部分的持续化学作用中的分子网络（蛋白质、核糖核酸……）实现复杂信息处理的最小细菌吗？

　　今天我们知道了构成这些生物系统的基本元素。我们知道神经元如何相互作用，我们破解了简单的神经元网络如何处理信息。我们知道了多种细菌的基因组。因此，我们知道构成这些细菌的蛋白质和核糖。但是这些系统的逻辑不为人所知。确实当信息像在这些生物系统中一样被大量平行处理时我们

没法用直觉推断。

在这样复杂的动态系统中的信息处理是人类认知的重要前沿。这也可能是我们永远无法理解的领域。我们能够把生命和智力归结为科学理性吗？我有时和我的同事和朋友在晚间小酌时说到这个话题。我们随意交谈。各种各样的反应都有。就这个问题没有共识。

量子信息触及另一个认知的前沿：知道哪些经典体系不能完成的任务，是由几个原子，几个光子组成的系统可以完成的。但我们的大脑并不适应复杂的量子思维。因为量子系统由于叠加原则出现大量平行计算。因此，我们进步缓慢。差不多二十多年前我们已经知道量子通信可以用于安全通信。量子密码学使用单个量子粒子来隐藏信息，以至于根据物理学本身的法则，它没法被想要读取信息的间谍获得。但是仅仅三四年前我们才知道使用处于所谓的纠缠状态中的两个粒子可以进一步提高量子密码学的安全性。使用两个粒子，根据它们所表现出来的非局部关联，仪器的所有故障和残缺都会马上被检测出来。如果一个或两个量子粒子的潜力都这么让人费解，那么当我们能够操纵量子计算机中的大量粒子时，该会何等惊讶？

复杂动态系统或者量子系统，这些认知前沿中的哪一个会首先被突破呢？这场历险一开始就显得激动人心。

最后，这些都有什么用呢？我们能把某个科幻作家的梦想转变成现实吗？从电报到推特，当信息技术为满足我们无穷的互动和社会交往需求做出贡献时，它的影响力无疑是最大的。这个需求是人类特殊智力最显著的特征之一。拉伯雷（Rabelais）说过，笑是人类所特有的。这些研究在遥远的将来可能在社会互动层面上将出乎意料最大程度地影响人们的生活方式（量子因特网，具有人工智能的手机，我也不知道还会有什么）。

好。我要做点别的事情。可能我会去见朋友？喝上一杯啤酒（当然是比利时啤酒），我会跟他们讲我刚写下的这些东西。他们会有什么反应？这可是个有意思的话题。

赛尔吉·马萨尔

苏菲 • 拉普朗特
Sophie Laplante
信息研究实验室/南巴黎大学

信息技术的影响

在 20 世纪 80 年代末, 几个计算机专家和理论物理学家探讨了利用大自然奇特的量子特性以提高像密码学中的计算和完成所分配任务的速度的可能性。一开始, 在各自的科学群体中, 他们被认为是处于边缘地位。然后在 1994 年, 肖尔 (Shor) 发表了为分解整数这一在经典计算机中一直无法有效解决的问题, 而提出的多项式量子算法, 将量子信息技术推向世界前台。

这个小群体和那时获悉他们研究的物理学家之间的关系一开始并不容易。众多物理学家蜂拥而起, 宣称量子计算机不可能实现。他们列举了很多建造过程中会遇到的障碍, 其中最大的障碍是量子退相干。此后众多实验和理论物理学家投身到这条道路上, 有些想克服技术上的困难建造一个量子计算机, 另一些人想弄明白这个新模型的优势。

大自然，有时是向导，但有时是阻碍

在和我们的物理学家同事的合作过程中，我们很快发现双方工作方式上的不同。物理学家的主要动机是理解大自然的法则。如果说这份理解能够让他对所研究现象产生强大的直觉，它也可以阻碍他，因为只有当工作中出现的假设和自然法则相符时，他才会接受。

反之，理论信息学家试图弄明白如何尽可能有效地完成计算任务。这样就应该明确说明计算是如何进行的，还应该精确指出被允许的基本操作以及它们是如何顺次连接在一起的。为了分析问题的复杂性，我们应该明确需要计算的资源（比如计算时间）。这时我们能够研究我们有效解决的问题。一个模型实际是否可行并不一直是我们关注的事情，因为一个模型可以因为其他原因而得到研究，比如它解决实际问题的能力，或者它优雅的数学形式。重要的是它能使我们就计算的性质学到点东西。

效率，被衡量的

证实我们知道有效解决一个问题的方法来得相当自然。只需给出一个方法并证明它的有效性。相反，以严谨的数学论证的方法证明问题是困难的，这是理论信息学对科学的重大贡献之一。 1964 年，科伯翰

姆（Cobham）写道："我想指出，在计算中，乘法不像加法一样有简单的算法，这似乎是一块绊脚石"。

今天，我们知道该如何处理，我们应该证明两件事：首先证明在所选择的计算模型中，存在有效的加法算法，然后证明所有乘法算术需要更多资源。总的来说，第二点比较难办，它需要深刻而优雅的技术。

我们也可以提一个更加抽象的问题：假设我们给一个经典计算模型在计算过程中加入偶然性，那么现在是否存在有偶然性时比没偶然性时可以明显更有效解决的问题吗？自20世纪70年代起，信息学家就在研究这个问题。当量子计算机模型出现时，信息学家凭借拥有的复杂工具，马上就能提出同类型的问题。

资源：时间，空间，交流，纠缠……

根据资源的不同，效率也会变化。比如，我们可以关注计算所需的时间或必要的储存空间。如果一项任务分配给多人，我们也可以问，为完成这项任务需要进行多少通信。一个物理学家可能会问，运用传统的通信方法和共享纠缠，是否可以把一个量子状态从一个实验室转移到另一个实验室？在他眼里，纠缠现象是存在的，交流是可能的，因此我们可以毫不吝啬地运用它。信息学家很快就会问，需要多少通信和纠缠 [贝内特（Benett）和他的合作者们在1993年回答了这个问题，运用量子态瞬间移动，一个EPR对和一个比特的经典通信足够传送一个量子比特]。

据此，我们可以从多种角度研究量子计算相对于经典计算的优势。我们知道有时量子资源的利用可以产生指数级的优势，在另一些情况下，最多只有平方量级的优势，甚至在其他情况下，它并不具有明显优势。这取决于计算模型和可用于计算的资源。

量子信息学向经典信息学的回归很多见。为研究量子复杂性而发展起来的技术对经典信息学产生了影响。同样，理论物理的概念和相应的直觉能使我们从新的角度来看待一些经典问题。我们对计算的性质已经有了更好的理解。因此，对信息学家来说，量子计算机是否商业化并不重要：两个学科之间卓有成效的合作将绵延下去。

苏菲·拉普朗特

$\hbar$ 和光电器件

杰拉尔德•巴斯达尔
Gérald Bastard
皮埃尔•艾格然实验室-巴黎高等师范学院
法国电信大奖
三物理学家奖
富士量子设备奖

大家都知道量子力学统治世界。大家也都知道，我们的文明已经被利用半导体的各种器件（晶体管、激光器）的发明和小型化深刻地改变了（互联网、电子通信、计算机）。然而在很大程度上，载流子的行为可以用半经典的理论来理解：原子势能的引入实现了导带或禁带能量的量子化这一伟大的工作，外部势能（外加电场）只是决定了一个给定的能带内部的演化。在现代（即 1975 年以后）半导体的异质结构中，尺寸减到如此之小（≈ 10nm），以致电子的德布罗意波长可以和纳米器件的尺寸相提并论。波的性质（波函数、离散能级）成为主导，用通常的半经典的方法来描述电子的运动不再是合理的了。例如，对于一个粒子在厚度为 L 的薄层中的束缚能量，我们可以观察到海森伯不等式的后果，并在工业上应用，这些量子效应从今以后包括在器件的设计中。以安装在所有 CD 播放器中的量子阱激光器为例子。

我们对某种材料（如砷化镓）的一个薄层（15 nm）的厚度进行（相差一个原子单层，也就是 0.283 nm 的）调整，使电子 – 空穴对辐射复合所发射的光子有确定的波长。对于电子通信，其他材料被应用于调整波长到大气层的透过窗口，譬如 1.55 μm。自 1980 年以来我们看到越来越多的这种能级工程的例子。这个工程领域最近发展的一个非凡的例子是量子级联激光器的实现。与在 CD 中的激光器不同的是，激光发射实现于导带的能级之间。发射波长覆盖从中红外（4 μm）到远红外或者太赫兹范围。在 3 级和 2 级之间的级联激光器包括大量（60 或以上）周期。电子通过隧穿效应被注入第 n 周期，隧穿共振于第 $n–1$ 周期的一个能级和第 n 周期的能级 3 之间。这个周期的能级 2 被调整到位于能级 1 的一个光声子的能量。在这种情况下，能级 2 很快被清空到能级 1，能级 1 被调整以便可以通过第 $n+1$ 个周期的能级 3 运用共振隧穿效应高效转移粒子。人们意识到为了制造这样的机器，需要在晶体外延生长方面实现巨大的进步，而且虽然我们已经能够得到这样的激光，在我们能获得带间激光器那样的稳定性和成本之前，大量的研究工作仍是必需的。

只有当沿一个空间方向的厚度的调制达到纳米尺寸时，晶体外延生长才能很好地实现。当想研究电子在三个空间维度上都被局限住的结构，我们往往采取自组织生长。用这种方法可以制造纳米厚度呈现足够狭窄尺寸分布的量子点。在这些通常（错误地）被称为宏观原子的对象中，能量最低的状态像在原子中一样是离散的。人们希望利用这种相似性，试图在纳米器件中制造半导体这一量子计算所需的基石。这没有考虑到（用于计算的）电子自由度和凝聚相内部的其他自由度，譬如晶格的振动，之间无可避免的关联。我们知道这个关联所导致的退相干使得只有在 20 K 以下才能使用半导体进行量子计算。反之，量子点能产生好的带间激光，眼看就能商业化了。它们还特别是好的单光子发射器，正是因为它们的低能电子光谱的离散性。我们仍需努力使它们尽可能在接近室温的条件下工作。

关于纳米光电器件，现阶段的努力朝向于在凝聚相实现器件，这里不仅电子态而且电磁场的状态也同样的量化了。这种结构的原型是把量子阱或量子点插入到有布拉格反射镜（两种不同折射率层的交替）的器件中，同时调整厚度以使活性层恰好位于被布拉格镜束缚在一个维度的场的简正模式的电场的波腹，这需要完美地控制层的厚度。当谐振腔的模和电子透射能量共振，形成强耦合，这个耦合系统的元激发是光子的简正模

式和物质系统的激发的简正模式（腔体的电磁极化子）的混合。类似的现象发生于当量子点的离散能级和封闭在三维腔（纳米器件中的微型柱子）中的电磁场完全离散化的模共振时。

因此，量子效应已进入到光电器件，使它们更能适应厂家的需求。

在微电子领域也是如此，我们看到越来越小的晶体管出现了，在其中，"寄生"量子效应（如通过太薄的氧化层而导致的隧穿效应）需要我们对通过小型化成为量子系统的纳米器件有一个清醒的认识。

杰拉尔德·巴斯达尔

德尼·格拉西亚
Denis Gratias
微结构研究所-法国国家科学研究中心/法国国立航空航天研究署
让·里察尔奖
法国国家科学研究中心银质奖章
阿努塔·温特-克莱因奖

追求者

柏拉图之爱⋯⋯

虽然我对量子力学充满爱意，但我和她并不亲近。这位姑娘，年逾百岁，却永远年轻，她让我面对着如痴如醉的学生，享受到为数众多包括一些最为美好的教学瞬间，同时我也把她优雅的数学形式应用到快速电子衍射动力学。

除了这两方面纯粹的幸福感外，我必须承认我们的关系过去是，今天仍然是模棱两可的，有时甚至阴云密布。应该谅解我的是，我没有出生于希尔伯特空间，也不曾在其中生活过。这并不能使我们的对话变得简单，诚然也不能帮助我确定在这些空间中通常会碰到的算符和其他状态矢量等量子存在的物理意义。应该谅解量子力学的是，我必须承认在最基本的层面上，这位姑娘穿着最为朴素的裙子，即数学上的线性代数形式。但是这样一来，虽然量子力学有着浑然天真纯洁的神情，她禁止我们这些可怜的人以直

觉而原始的方式来理解量子现象。正是这样，我才被迫和她在本质上保持柏拉图似的恋爱关系：对我而言，量子过程是而且将永远是从本质上来说迷人而神秘的……量子过程被一个世纪以来不曾自相矛盾的坚实理论所越来越好地描述，而越来越多的物理学家们却在尝试揭露它可能存在的缺点！

学会谦卑……

没有什么教学比量子力学入门课更让人欢欣的。教授自己所不懂的知识算得上是最为奇特和激动人心的教学经历之一：我们邀请学生们分享我们的无知，让他们置身于对物理世界完全失明的状态，在这里，常识失去了它大法官的地位。在这样的黑暗中，只有一条阿丽亚娜的救赎之路：数学，通过本征值谱和其他的本征向量，就像许多支撑代表物理量的希尔伯特大教堂的拱门。我们在这个仙境中一步一步往前走，摸索着发现量子世界的特殊属性。探索越深入，这个世界越使我们吃惊和赞叹。这时，教学就像是某种在纯粹理性完全引导下的入门仪式。这里，主导词是谦卑：我们学习掌握一门科学，陈述它的原则，但是我们放弃理解它那永远尘封在镜子另一端的原始构架。

希尔伯特音乐……

我慢慢坚信音乐，尤其是约翰－塞巴斯蒂安·巴赫的音乐，是最接近量子力学的，它为量子力学的某些基本原理提供了引人入胜的音乐表达。首先，就像量子力学之于物理科学，巴赫是音乐的集大成者。它的对位法在赋格的艺术中得到升华，它是状态线性叠加原则的音效体现：赋格的复调通过一个主题在时间中以纯五度之差自我叠加获得，它用一种声音的神秘混响的魔法，使得到的整体远远超越了各部分的总合，最后所散发的美远远超过主题本身。然后，从一个相近的观点，怎么可能看不出量子对象测量的诸多方面和一个主题的多种变奏形式的发展之间的相似性呢。就像戈德堡变奏曲那样，波（比如变奏 6, 11, 17, 26 或 28……）和粒子（比如变奏 4, 9, 14, 30……）相继出现，一个伟大的音乐作品从总体上将两者囊括，就像量子对象在作为我们感知大自然的唯一方式，即经典方式的各方面之间灵活运转。在音乐和量子力学这两种情况下，测量理论是所有一切的基础。

原罪……

最后，读者们将会懂得，我对量子力学这门科学从根本上来说一无所知。我自我安慰道在这方面我只是很多人中的一个。我找不到其他开脱的借口，除了以下这个：夏娃虽然有着永不满足的好奇心，但她还是忘了啃量子知识的苹果。

德尼·格拉西亚

159

马丁·波文
Martin Bowen
法国国家科学研究中心
斯特拉斯堡大学

纠缠

各种想法萌芽于各种独特、敬业、有激情的头脑里，然后以理论和实验研究的形式发酵。在耐心蒸馏之后，这个研究灌溉着象征此领域的短暂存在的人群的意识。在经过几个同行的校对这一关后，下一步要通过讲座让更多的人得到激励——既为了使本研究领域受益，也为了使学科交叉结出丰硕成果。一项工作真正的影响力扎根于精神上的纵横交错，然后以引用文献的形式被量化（这让遍地开花的科研官僚主义欣喜万分），期待能获得新的发展。

请看酵母小麦(HefeWeizen)啤酒的泡沫中，气泡形成，膨胀并聚结。思想的启发就是遵循这样的过程。科学家们建立各种交流的机制，当学科的交叉允许的时候，他们交流思想，最终打破阻隔，获得新颖的成果。既然试图摇晃啤酒以产生更多泡沫是一种亵渎，白日梦总要结束的，但是啤酒很可口——这是人与人之间的交流的颂歌。

知识的获得和传播这一循环过程，当视为对于相关研究者群体的激励的有机组成部分时，最好能隐喻做生物组织。某一特定背景下，众多想法交错，知识的循环过程产生于此，它成为最具吸引力的坐标，因为它从超越部分的总和中吸取养分，持续激发日益增加的研究者的兴趣，热情和激动人心的辩论。我们情不自禁会想到一个群体的知识得益于此前已有的精彩思想，这一想法超越了以佛教思想做类比的陈词滥调。朱力埃尔(Jullière)三十年后才发现他对自旋电子学的研究所激起的反响！

想法划过我当前研究观的天空，照亮了以全新的光芒引导我的星星。在思想的宇宙之舞深处，一个流星般的想法从过去翻腾而出，进入当今思想的竞技场，揭示了我们对于创造的认知的转瞬即逝的一面。对一个实验者来说，当这一切是从当前测量过程中得到时，它便越发光焰夺目，此刻大自然和人

类为理解它而付出的努力在这一刻偷偷四目相对。

研究过程中让人惊叹的地方在于一个好想法不仅可以（或应该）取消年龄或威望的阶级壁垒，而且也打破了语言和文化的阻隔。一个科研人员务必保持他最初的动力——他的思想与来自他人的思想发生碰撞的活力——毫发无损。要在研究领域中建立一个新的规范需要和这个领域内所有既有思想的决裂。我们应该满怀勇气宣扬这样巨大的变革，而非噤声不语。决定这些的因素包括生命组织、它可能有的后代、还有那些通过努力使生命组织的意识升华以获得进步的社会世代循环的短暂生命的责任。

就像艺术家一样，源自平常的条件使研究者和大自然之间的关系变得不同寻常。这可以解释同步加速器实验中拥有的兴奋感。一切从想法开始，一个想法被提出来，希望在众多研究计划中脱颖而出，从而获得如此稀有，如此被觊觎的实验工具。酝酿阶段包括好几周的准备和调整。然后是"运转"阶段，在允许的使用时间内，实验一周七天，一天二十四小时不间断进行，研究队伍白天和晚上最意想不到的时刻交接班，每个小时都做了规划，时间紧迫，为了准备接下来的步骤，研究者充满激情地分析数据。研究小组成员回到家已是精疲力竭，但是像年轻妈妈一样充满幸福感。

那么，我们这些研究者们是否能一边忙着办理行政材料，一边实现我们的梦想呢？在一个越来越被致命的个人主义引导的社会中，如何协调一个只想衡量竞争力的科学竞技场和团队合作，或者用比喻的方法来说，如何协调科学竞技和使我们创造的努力成为不朽的生物组织原则？我们能梦想有一个新的布尔巴基学派吗？

马丁·波文

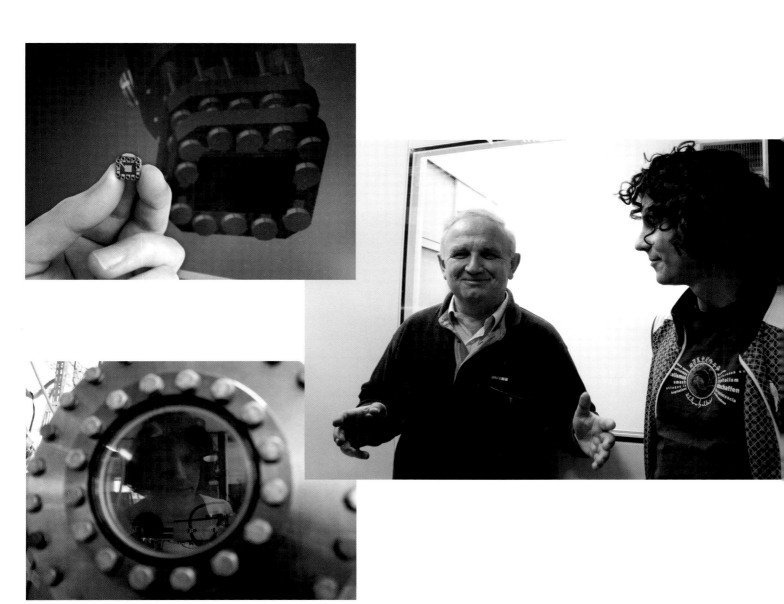

鲍里斯·阿尔诸勒
Boris Altshuler
高等研究院/普林斯顿
哥伦比亚大学
美国国家科学院
奥利佛·E·巴克雷奖
欧洲物理安捷伦奖

女王和天文学家

人类经济活动导致全球变暖。真的吗？有些人深信不疑，有些人持不同看法。一个纯粹的科学问题带上了浓重的意识形态的气息。科学家们并非绝缘于意识形态的影响，但是为了支持他们的意见，他们应该走多远呢？

亲爱的同事们，我们的圈子是相当小的，其财政和政治权力是非常有限的。我们唯一的资产是我们的声誉。牺牲甚至是很小的一部分这不可替代的资产来支持我们的政治信念是否能被接受呢？我们可以妥协哪怕是一点点的科学真理，以获取对于我们的研究在财政或政治方面的支持吗？从道德，甚至有效性的观点来看，答案都是一个响亮的"不"。然而，这样的牺牲和妥协往往比我们愿意承认的发生的频繁得多。

科学的诚信和欺诈的问题只是冰山一角。我们好好做研究所需的资源本身往往就决定了研究本身的方向。为了获得急需的支持，我们甚至可以答应去摘月亮。我们被各种所谓的客观标准评估，譬如那个 h-指数，到最后我们把这些看得比研究本身更重要。我们穷尽一切可能在各种数得上号的期刊上发表论文。这些期刊的编辑们对宣传效果远比对真正的科学内容的要更加关心，为了取悦他们，我们愿意做任何事情。我们仍然确信探索真理是科学界的首要任务吗？

让我以一个在我的职业生涯最开始听到的寓言来结束这篇文章吧。这是关于一个不知名的皇家天文学家被女王访问的故事。女王对天文台和进行的研究留下极其深刻的印象，但令她感到惊讶是，天文学家的穿着仍然很寒酸。当得知，这实际上是他最好的衣服时，女王询问天文学家的工资。答案令她

大为惊讶。"为什么，这只有我的马夫的收入的三分之一！"她感叹道，并下令将天文学家的工资增加到马夫的三倍。天文学家跪倒在地，求她重新考虑。"为什么？"女王问道。他回答："陛下，如果您这样做，所有的马夫都会想成为天文学家。"

我显然不是在倡导削减工资，但我是真的担心。也许现在有太多的马夫混在科学家中间。这比全球变暖更加危险。

鲍里斯·阿尔诺勒

阿莱克西·格林柏姆
Alexei Grinbaum
物质科学研究实验室/原子能总署
巴黎综合理工大学

在国王手里

理解神话中的逻辑，好比是一扇恢宏的大门就此展开。对我而言，那是一个打击。大学里教的量子力学是生硬枯燥的，不讲历史也不讲物理学家。量子力学的辉煌来自于数学，那是它的奥林匹斯山前的草坪和绿荫，我们感到一只无形的手本可以只要绕几个弯就可以将我们直接带到山顶。我离开这个圣地。两年后，我发现远离只是为了让我再次靠近，这次是依照我自己的选择。通向这座物理学奥林匹斯山最为丰沃的道路是一条潮湿 (διερός)* 的道路；作为（拥有令人叹为观止的风景的）起点，没有哪座山能跟帕尔纳斯山相媲美，它和奥林匹斯山既邻近又对立。

对一个量子系统的测量引人入胜，因为它的描述所需的语言在经典直觉之外。一个国王得知他的王国里住着一位智者。国王召

*这个（古）希腊语词的意思是"鲜活的，活动的"。

他进宫，决定测试他的智慧。智者到来后，国王伸出左手，说："我手里有一只鸟。它是活的还是死的？"智者清楚如果他回答"活着"，国王会捏死小鸟。他同时也清楚如果他回答"死了"，国王会张开手掌，小鸟就会飞走。不管哪种情况，智者错误的回答都会使他丧命。他略加思索，回答道："国王，答案在您手里"。同样，测量仪器在量子物理中有着至关重要的作用。

这个犹太故事是个很好的类比：它和古希腊神庙融为一体，让位于物理学所应用的普适的数学语言。但是物理学的探索和教学能够从前两者所保存的人类记忆中获得丰富的启发。

阿莱克西·格林柏姆

弗雷德里克·凡·维吉朗德
Frédéric Van Wijland
复杂物质和系统实验室/巴黎狄德罗大学

源泉

可能别人会把科研人员想象成激情四射的人，日常生活中或者诗兴大发或者默默静思。我有一些同事无疑属于这类人。我的源泉不在于此。作为研究人员，我的日常生活运作方式可以称为"上瘾"。一个课题一旦印入大脑，任何意志的力量都不能把它驱逐出去。当然，我所说的课题是一个真正美妙的课题，汁水丰富，枝叶繁茂，具备诱人的理论高度和实验应用（虽然我的研究活动并不总是与此接近）。也就是说那种能够让人沉浸其中好几年的问题。那么，举个例子。一个博士生最新发表的见解，（从未完结的）计算，无休止的讨论，这一切都让人回味。没有困扰，只有坚持不懈。形容一个研究者和他的学科之间有着类似辛勤的雇工和雇主的关系，这多少有些欺骗性，因为无时无刻我们不在尝试着激发某种介于物理现实描述和美学标准之间的有明确方向的想象

力或创造力。

甚至在探索阶段也会产生某些愉悦感。大脑的愉悦：跟能在瞬间拥有惊人想法的人讨论的快乐（有时我们会碰到真正的天才！）或者能够领会别人的思考方式并化为己有的快乐。或者社交上的愉悦：甚至对一个理论家来说，最开心的还是团队工作，两三个人，每人手中都握有拼图中的一块，而拼图最终成形需要好几个月时间。我偏爱的是这些瞬间，在讨论过程中，各种想法碰撞激荡。最终从无序中显现出有序。之后当需要撰写文章并保证售后服务时，愉悦感就会完全消失，任务变得枯燥无味。

其次，我们好几年思考同一个课题，比如我思考的是关于经典或量子的，平衡或非平衡态的，涨落和关联的事情。当我们把思考之一二传递给学生时，我们会感到快乐，尤其是当他们选择相近的课题来学习如何成为科研人员时，这份快乐会增强。但是很难预先知道某个优秀的学生是否会从研究中获得足够的乐趣，进而决定从事研究工作。我坚信要献身于这个职业，必须要有独特而奇怪的意念才行！

为了平衡这个学科需要的纯脑力劳动，就我自身而言，我找到了一些享乐途径。精心准备的美酒，美食和其他东西能够充分满足感官需求以净化大脑。

弗雷德里克·凡·维吉朗德

让–保罗・马尔里厄
Jean-Paul Malrieu
保罗・塞巴斯蒂安大学

图像，想象和想象力

从量子物理过渡到经典物理会呈现一些属于科学范畴的逻辑困难。在以下这两个微观和宏观世界之间存在另一个主观的界限：在物理学家考虑量子对象时在脑海中呈现的系统，和在日常生活中，他对于这些对象进行日常的理论操作所产生的图像和声音让他沉浸其中时所呈现的系统。因此，过渡是双向的。我会在这里尽力以分子和固体电子特性专家的身份向大家展示这些过渡。

我们所接触的是数量巨大的不可分辨的个体。从某种意义上来说，我们像社会学家或人类学家。在原子核的（吸引势）结构中电子有怎样的地位？在固体晶体中周期性结构，在单个分子中的架构。对于喜欢演绎的人来说，反过来的问题是不可避免的：为什么支配电子/原子核或电子/电子间的相互作用的法则强行要求分子结构是我们所观察到的那样呢？我们首先碰到的是空间问题，即密度分配问题，还有众多能量问题：总能

量是多少，对微扰有什么反应，尤其是对光子的来说？实际上，空间问题的答案取决于能量问题的答案。引导我们的是对于各种互异的力量之间的一种平衡的变化规律的理解。

我们的电子不可分辨吗？不完全是。它们（除了在很重的原子中）有一个自旋，在我们看来应该像性别。在量子化学中长期以来就有性别比喻，形式多种多样。相同自旋的电子互相排斥比相反自旋的电子强，这就是"费米洞"，它是异性恋至上在微观世界中的体现。我们一般对有相反自旋的电子进行配对。设一个覆盖整个分子空间的空间波函数中，每个这样的函数都有既定的能量。有点像我们把人们成对安置在一座房子的每层楼里。但我们也可以完全合理地把不同原子的电子配对，或者是在位置相近的几个原子的一些电子组成一组，这是在量子理论提出前，化学家刘易斯（Lewis）天才直觉到的。这个想法几乎是经典的，当"赤脚"化学家用原子之间的杠杠表达化学键的时候，就是抱着这样的想法。量子化学证明这个想法的合理性。但奇怪的是，合理性的证明几乎从来没有在教科书上出现过，就像是如果我们回到这个原始的直觉上来，我们的威望就会受到威胁一样。对电子群的第三个想法是优先考虑每个原子具有相同自旋的电子，而相邻原子具有相反自旋的电子的情形。我们可以理解同一原子中最高能级上的

电子偏向于具有相同的自旋，电子在不同的盒子里，两个原子的电子之间具有不同自旋的倾向能使同一化学键中的电子分享空间。这个描述在反铁磁性"磁性"系统中占支配地位，它根据某个"最大程度调情"的规则和自旋嬉戏。

预测的力量和定性的美感

我们置身于量子化学一个非常激烈的冲突的中心：这门科学不但是对实验的理性化，它还在对现实中材料特性的捕捉上与之对抗。在这个领域中，我们有可能掌握准确的电子哈密顿量，并非常接近精确的答案。这一切需要经过理论和计算工程的双重努力。理论这部分很美，量子多体问题向人类智力提出了激动人心的挑战，为此我们需要在实际有效的近似下，结合形式上的要求和创造性想象力。信息化的这部分也有它自身的逻辑，但是没有那么有美感。这个双重要求勾画了这个学科有些严肃，又很难传递的美感。

正如化学是一门研究特殊性的科学（这个分子的结构有什么独有的特点？），定性的问题在此比在物理学中出现得少得多。但是很高兴能在单分子层面碰到更多在系综层面才出现的现象。比如分岔现象，自发对称性破缺，局域带电性。或者当一个可逆化学反应通过方向相反的两条路径进行时的某些迟滞现象。我们计算"势能面"，在我们看

来就像是有着山谷，盆地，山脊和鞍部的地图。我们沿着坡度最小的线路行进，在（从突变理论的意义上来说）褶皱的地势中来到悬谷的边缘。在这个形象化的表述中，我们来当然是将众多空间变量（原子核的坐标）减少到两个，但是我们的感官经验在这里起到了巨大作用。

我尤其喜欢系统演化方向不定这样的现象。相变就像集体革命一样，一个不同的秩序突然就取代了之前的秩序（我那落空的重建社会的期望在此得到安慰）。当同一构建的两个特性不同的相近结构并存时，就存在双重稳定性，比如在磁学或者分子电子领域。那里我们有奇妙的嬉戏空间。化学长期以来是乐高积木或建设类游戏的玩家的天地：化学家发明了这个世界，他们复制、组合、绘制闻所未闻的教堂，他们是创世者。他们真的在机械逻辑指导下摆弄元素（原子）和它们之间已知的各种化学键。量子化学家可以参与到这个具有创造性的游戏中来，他所拥有的关于物理性质的知识不属于力学范围，而是对物质真正的量子特性的了解：物理化学家可以构想多功能建筑，比如可以是磁性、导电性、光学活性，对某些非经典特性的结构决定论的知识以另一种方式展示了化学的传统潜力。理论家们从此具备了可靠的数字检验手段，在广阔而多样的疆域里起到了可能性探索者这一迷人的功能。

回归

这项工作同时也锻炼了我们。在我们的主观中没有两个互相隔离的世界。我们把宏观世界投射到微观对象上。我们通过比喻绕过量子特性的内在困难（比如把一个波动特性转换成时间概念）。反之，我们的研究对象困扰我们的内在逻辑侵入我们的梦境中。我的梦是混杂的，自旋具有生动的形象，一些类似于算符和矩阵的形式问题变成构架或人际关系上的限制或建议。我想我所有的好的（小）想法都是在我醒来的瞬间出乎意料地将我攫住。甚至包括那些需要我几个月集中注意力努力想出来的点子，例如，当我试图为基态设计一个跃迁到有完善学说体系的激发态，这叫做波函数的耦合簇的构建。有意识地进行演绎的努力多少看起来需要通过我们所不知道的神经元碰撞才会结出丰硕成果。这样挺好。

让-保罗·马尔里厄

德尼·杰罗姆
Denis Jérome
法国国家科学研究中心/南巴黎大学
法国科学院
惠普欧洲物理奖
法国威望委员会奖
霍尔维克奖

采样管的秘密

正面

反面

　　问题：这个装满几根黑色针状物的管子究竟藏着什么，使得实验须在 12 000 倍大气压强（12 kbar 或以下）下进行，实验结果一旦得出必须保密？特别危险的样品？国防机密？

　　答案：管子里藏有有机超导体样品 KS 284，它于 1979 年 11 月在奥赛被发现，经丹麦化学家克洛斯·贝什嘉尔德（Klaus Bechgaard）合成。

　　1979 年 11 月在奥赛收到的管子上的说

明意味深长地表达了一项自 20 世纪 70 年代初就开始的研究的情况：竞争，尤其是和大西洋彼岸的竞争，很激烈，为了赢得一场只有第一没有第二的赛跑。目的是向超导，即电流可以无限自由流动的物质状态，迈出决定性的一步。总之是无穷的运动！

1970 年初，距离在液氦超低温冷却金属中发现这个现象已经过去六十年了。超导开始被应用，尤其是如果没有利用这个现象以获得强磁场，核磁共振影像就不会得到发展。1972 年，诺贝尔物理奖刚刚颁给三位美国理论物理学家：巴丁（Bardeen），库珀（Cooper）和施雷佛（Schrieffer），他们1957 年的研究工作解释了在某些金属和合金中的超导现象。同时也伴随着某种失望的情绪：超导螺线管需要一直在液氦中冷却和保存，而 BCS 模型几乎否定了改善的可能性。

但是，像斯坦福大学的比尔·里特（Bill Little）这样更加大胆的理论物理学家于 1964 年提出了全新的方法，他们预言有机材料在室温下就会有超导现象，当然这样的有机材料有待合成！既然亲力亲为总是最好的，里特在 1969 年就这个主题在夏威夷组织了一场国际研讨会，聚集了超导领域的大学者，关于 20 世纪 70 年代最主要的研究课题之一的讨论就此展开。

同一时期在奥赛，我们有充足的理由加入到这场赛跑中。我于 1967 年建立了一个专门研究金属与合金的研究小组，重点放在新近开发的高压测量技术上，这激起了实验室里的理论家们的兴趣。我们已经经过基础阶段，成功在压力下对 1974 年在美国发现的第一批有机导体进行研究，我们的能力足以说服年轻的丹麦化学家克洛斯·贝什嘉尔德参与我们的合作。在进行了几年关键的前期研究之后，我们在 1979 年就明白固执己见地使用 TTF-TCNQ（一维导体，但不是超导体）类型的材料行不通。我们和贝什嘉尔德商量后共同确定了另一条道路，采用虽然具有富勒烯类型的分子，但从结构上来看更简单的材料。

1979 年 9 月，第一次高压环境下的实验使从此被冠以贝什嘉尔德盐的 $(TMTSF)_2PF_6$ 材料在液态氦的温度中保持金属状态，跟铜一样。虽然我们处理低温的能力有限，我们的实验同时揭示了一个和那个时代对传统金属的知识水平不相容的电阻行为。因此必须把温度降得更低，超过 1.2 K 的界限，这需要使用低温物理学新技术。我们轻而易举地说服了我们的同事米歇尔·里柏（Michel Ribault），1979 年 12 月照的采样管的照片展示了在 9 000 个大气压强和 1 K 以下的温度下向超导状态的过渡。合同完成，研究结果开启了凝聚态物理和化学的

新领域。

在接下来的三十年里（谨遵 1979 年的协议！），因为 1986 年铜酸盐超导材料的发现而被神奇地"屏蔽"，贝什嘉尔德盐的有机超导现象相对低调地获得繁荣发展。它最终证明自己成为了新超导机制的模型，这个模型是理论家能完全掌控的，而且在未来的材料科学和高临界温度超导体的可能性领域大有前途。

那么保密和约呢？哦，三十年后大大失效了……

德尼·杰罗姆

杰瑞 • 杰阿玛尔奇
Thierry Giamarchi
凝聚态物理学系/日内瓦大学
阿那托利和苏珊娜 • 阿布拉甘奖

快乐

很难定义人们口中"做研究"的意思，就我而言，部分是因为在我家里或我周围亲近的人中没有谁是做研究的。我对科研的期待应该来自于阅读科幻小说的经历，这些小说的质量还有待提高，但是封面上画着神奇的宇宙飞船——当然我还读了儒勒 • 凡尔纳的巨著。

诚然，通过学校接受的传统教育也帮助我形成了这个想法，但是，除了一些出众的老师以外，这样的教育更多涉及知识和技术领域的，而不是关于梦想和对梦想的激情。

虽然从那以后，我从事科研，这向我展示了研究人员在很多方面跟我们对其可能有的有点幼稚的形象有所不同，但是最本质的部分还是一致的。因此，我发现自己一直像个小孩，在糖果店里睁大眼睛发现珍宝，每样他都想试试（快，时间很短），每个世界他都想发现，即便这里所说的世界从此位于物质中心，而不是在宇宙中。

　　探索的愿望一直存在，无所不至。而且不仅仅是精神上的，还有：旅行的快乐，作为外国人身处异国的快乐，接触新的国家，新的文化，结识独特的人，和信任的朋友，过去和未来的学生也非常重要。好几个声音，好几双手汇集在一起共同工作的快乐，即便只是一会儿，也起到了至关重要的作用。研究工作给了我四处流浪的快乐，在或孤单或与人分享的情况下进行或真实或想象的旅行。

　　创造、探索、四处追寻、计算、偶然，这些方面使得研究生涯成为真正的艺术工作。对这些艺术家来说，作曲家的耳朵，素描家的用笔，油画家的挥毫，魔术师的手法相应地变成了技术和数学的准确和精湛。对这些艺术家来说，这样的职业有其脆弱和主观的一面，他们必须知道超越当今流行，有些东西的美要在很久，很久以后才能被发觉。这些艺术家的艺术有时能够在不可预见的时间尺度内改变世界。　梦想成为……一个可能实现的梦。

杰瑞·杰阿玛尔奇

本笃·德沃–普雷德然
Benoît Deveaud-Plédran
洛桑联邦理工学院

白日梦

量子物理学家在想什么？他们不想什么，他们处于梦想和惊叹的状态。他们做梦的时间比思考的时间还多，他们做梦是因为他们从中获得快乐，否则他们当然会去做别的事情。在这个物质化的世界里，物理学家们怎么可能不从他们的工作中获得一丝能够足以支持他们前进的快乐呢？是他们的想象力在推动他们一直试图理解这个世界，思考能够被所有人接受，或者至少能抵御大多数人的批评，的解释。

我一直很喜欢谜语和游戏，不过我不喜欢赌博，因为我不喜欢输。应该有点因为这个原因，我很小的时候就开始喜欢数学，我从一开始就把它看做一项游戏，一个需要掌握游戏规则然后尽可能娴熟运用的娱乐项目。那么，游戏结果是可以被预见的，这完全适合我那狭隘的笛卡儿式的思维。

后来，我有幸通过一个真正的物理老师（是个女老师）接触到物理学，她能够回答我的大多数疑问，她灌输给我足够的数学元素，能让我的左脑得到满足，同时教会我大量具体的实验，能让我的右手测试它们的真实性。由于我对这个中学的回忆有点模糊，不知道为什么那个老师的外号叫"面包片"。

对物理现象的直觉理解和理性地用公式把它们表达出来，这两者结合同时充分满足了我直觉感知的需求和解决逻辑难题的快乐。因此，我对周围世界的标准理解和理性想法得以飞速进步。

当我接触量子物理时，事情变得更加复杂，但也更加激动人心。解方程一直都是一种快乐，但不一直像我童年时的谜语那样简单。上述方程越是不能被我们的"物理感"所理解，快乐就越强烈。从某种意义上说，把这些方程和日常生活直觉做对比变得不可能。

虽然我是个狭隘而唯物的物理学家，但我还是会被美丽的风景深深打动，比如倒映在莱芒湖中的阿尔卑斯山，或者是激荡于布鲁马那什灯塔的波浪，马特峰的日出，或者科罗拉多大峡谷深处的星光之夜。我没法解释我沉醉的原因，但我的沉醉并不因此而变得虚幻。作为物理学恒定发展方向，我们将会发现公式再也行不通了，因此需要进行本质的改进，这个时候我们的惊讶和赞叹无疑会更加强烈。

考虑到我的年纪相对有点大了，我开始做一些行政工作，这占据了我大多数时间。

我被迫花好几个小时参加不知道有多激动人心的会议，就为了决定诸如营运成本率应该包含所有税还是去除增值税这样的问题。所以，我不能再参与实验了（我甚至都不确信是不是还能对准激光器），但我享受和我的博士生们和合作者们在物理系的咖啡厅的每一刻，那是个真正适合思考，产生假设的地方。我们最后都不知道想法是谁的。思想成为一种集体产物，一种新的物质状态，思想互相交织，有意思的想法能从这场有效的融合中最终胜出。

爱因斯坦说："不能让人理解的是，这个世界可以被理解"，但他后来又说：那些宣称懂得量子力学的人没有真的懂得它。

本笃·德沃-普雷德然

尼古拉·吉森
Nicolas Gisin
应用物理集团量子光学研究发展中心
日内瓦大学
约翰·贝尔奖

多重宇宙论的瘟疫

　　多重宇宙论像瘟疫一样蔓延开来。各种各样的物理学家群体被量子物理的多重世界阐释所感染。幸运的是，像所有其他来势汹汹的瘟疫一样，我们有对付多重宇宙论的办法。因此我决定（啊，是的，我很高兴有做决策的能力！）为热爱生活的人写下这篇文章。

　　我提醒您拉普拉斯(Laplace)的话：对一个足够宽广的智慧来说，过去和未来完全被现在所决定。在那个时代，生活很艰苦，处于统治地位的是独裁的决定论，牛顿法则（和它的非局域性万有引力！）不可动摇。自发现象没有存在空间，任何事先没有编排好的事件都不能被容忍。但是很多还是幸存下来，包括拥有自由意志的人。他们是怎么做到的？多亏笛卡儿，他们知道他们的自由意志可以通过作用于物质世界的"自发力"的形式得到表达。物质世界和他们的意志之间的界限至少是模糊的，但笛卡儿给它起了个名称：松果体。这不过是一个名称，但是却是一个很重要的名称：给这个界面命名至少说明从某种意义上说，自由意志和经典物理学的决定论并不矛盾。牛顿从来没有断言他的物理学完整无缺。

这样，决定论的独裁对自由的人来说变得可以忍受。

然后量子物理突然降临。开始，有自由意志的人欢庆物质世界本质上的偶然性的革命。他们以为可怕的决定论独裁从此结束。但是这个独裁者有个儿子（或者是孙子？）。

决定论又披着无偶然性量子力学的外衣卷土重来：一切，绝对的一切，每个可以想象的选择得到实现，一切都是平等的！没有任何真正的选择是可能的。但最可怕的还没有到来：普遍的纠缠现象。根据新的独裁者多重宇宙论，不但物质世界是严格被决定的，而且所有一切都聚成巨大的一整块：一切都纠缠在一起。没有任何剩余的位置给"松果体"。物理世界和自由意志之间再也没有界限。所有的力，所有的场的源头，一切都是那个多重宇宙论的波函数，一个大（写的）Ψ 的组成部分就像独裁者都喜欢人们为新的上帝命名一样。

但所幸的是，独裁者的儿（或孙）子不像他的（父）祖亲那么强大。很多物理学家信奉另一门宗教，一门不那么严格的宗教，它的口号是"闭嘴，计算"。分裂产生了，

但量子力学丰硕的新成果让不同的教派和平共存。至少能维持一段时间。

必须承认的是，"闭嘴，计算"这个口号并不是很有效。于是，让人害怕的事情发生：多重宇宙论蔓延开来，从抵抗力最弱的人开始，一些年轻的物理学家被感染了。新独裁者的祭司们的论据很简单，所以也很有效："我们的宗教是最简单的，所以它应该是真理"。对将信将疑的人，他们补充道："如果你们不相信我们的上帝，你们就

会死于奥卡姆剃刀*之下"。什么？奥卡姆剃刀支持多重宇宙论？"是的"，祭司们肯定道，"因为如果你们拒绝多重宇宙论，你们就会犯下改变薛定谔方程的罪"。他们进一步补充："增加薛定谔方程中的项要比增加宇宙还差"（Zeh H D. *Phys. Lett.* A, 172, 1993: 189-192）。

这个论据似乎很有说服力，瘟疫一再蔓延。很可怕，不但决定论统治卷土重来，而且这次还没有松果体这样的小缺口。

现在是时候拉开距离重新审视了。我是一个自由的人，我充分享有自由意志。这是我理解得最透彻的事情。一个公式，即便它很美妙，又怎么能够使我相信我错了呢？我知道我比对于理解任何一个方程都更加深刻地懂得我是自由的。因此，不管有多么巧妙的辞令，我发自肺腑地知道薛定谔方程不会是终极解释；应该还有其他东西。"但又是什么呢？" 大独裁者的祭司们反复问我。我承认我不知道，但我知道多重宇宙的假设是错的，仅仅就是因为我知道决定论是虚伪的。

尼古拉·吉森

---

*奥卡姆剃刀 (Occam's Razor, Ockham's Razor)，又称"奥坎的剃刀"，是由 14 世纪逻辑学家、圣方济各会修士奥卡姆的威廉（William of Occam，约 1285 年至 1349 年）提出。奥卡姆剃刀原理可以归结为：若无必要，勿增实体。

瓦雷里 • 斯卡拉尼
Valério Scarani
新加坡国立大学
新加坡国家科学奖

对真正的偶然的辩护

不要相信你们手中的这本书的表象：真正的偶然并被大多数科研人员，大多数物理学家，甚至被大多数量子物理工作人员所扬弃。

不要对关于演化的辩论感到激动。这些辩论中所提到的偶然是力学上的众多原因的合成，从导致恐龙灭绝的巨大陨石，到引起变异的化学反应。两个阵营中的斗士们为我们描绘了一个决定论因果链，然后互相屠戮想要知道它是否已经被决定。

在战火中真正的偶然所带来的震撼被忽视。不要被遭受过传统物理教育的人浇灭热情。在大学课堂里，他们应该大呼"概率"和"不确定性"，但是并没有必要因此感到惶惑：一切都在掌控中，都归结到测量不精确或者理论家缺乏创造力。他们并不知道真正的偶然正是出现在运行良好的机器和最完美的理论中的。

不要被假扮成极端分子的保守者所迷

惑。他们宣称是奥卡姆和培根的信徒，他们嘲笑占星学和星座学；但是为了挽救决定论，他们增加了宇宙的数量。我的命运是否因此就被一个宇宙中的水星和另一个宇宙中的摩羯座的共同作用所决定呢？

也不要相信我：我只认出了真正的偶然最初片断的迹象，但不要问我飓风会把哪些确信卷走。

瓦雷里·斯卡拉尼

皮埃尔 • 雷纳
Pierre Léna
法国科学院
伊拉莫斯奖章
朱尔-冉森奖
霍尔维克奖

像爱丽丝
那样幸福的人……

　　她还是个小姑娘，她用惊奇的目光看着这个世界，夏夜的星星或冬天的雪花；后来，这个对形状、颜色、声音及其万千组合的惊叹的目光使她将此作为自己的职业。但是这个时期，像所有的孩子那样，她喜欢听故事。我记得我给她讲的一个故事，面对着当时我们住的老房子厚厚的墙。"你看到这堵墙了吗？如果你冲向它，大多数情况下你会一头撞上去并被磕疼，但是也有可能你会毫发无损得穿过它，像《爱丽丝梦游仙境》那样"。她感到惊讶。为了说服她不要马上尝试，我只好向她解释随机性，好让她自己衡量成功的概率。我们摆弄着微小的数字和漫长的时间长度，这些都让她惊讶不已。就这样，我们在量子世界里做了一次短暂的旅行，在这里穿墙没有任何危险。我跟她讲了铀原子，它们完全相同，没有任何可以决定它们命运的隐藏机制：它们中的一个原子怎么可以瞬间在我们眼皮子底下分裂，而另一

个还要等一千年。这就是概率……

再晚一些，我参加了非常严肃的国际研讨会，我们讨论"做中学" 项目和科学教育，我碰到了充满激情的小学女教师，她们跃跃欲试想在自己的班级里做试验。我从来都没有向她们推荐过量子墙或者隧道效应，因为每个年纪都有自己的快乐。我们既有能够搬到课堂上讲的日常生活现象所在的世界，也有这个让我们得以面对客观实在的其他尺度的量子世界，它的规则让我们被进化所塑造的大脑感到迷惑。但是它值得人们去探索它……

皮埃尔·雷纳

伊夫·盖雷
Yves Quéré
法国科学院
法国国家科学研究中心银质奖章

不确定性的赞歌

无论是谁，在打开量子世界的大门时都会感到震惊！接下来的问题是如何进入这个世界并在那里安身立命。学习？承认？讨论？惊叹？构想？吸收？粗粗浏览还是深入分析？放弃然后再回来？仅满足于应用？相信偶然还是排斥它？猫半死还是半活？物理还是数学？波还是物质？位置还是速度？真理还是不确定？……不管是谁，只要他把学生领进门，就经常能看到他们面对这些疑问，既被吸引又心存忐忑，既手足无措又欲罢不能，在不同的态度之间摇摆，从惊讶到信奉，从确信到犹豫。学生们让老师想起他年轻时也同样经历过这些同样复杂的心情，同时充满了崇拜，不盲从、坚信、疑惑、热情和……让我们说出这个词：不确定性。

这个词更多是贬义的，它一般和性格上的些许懦弱，无名的忧郁和怠惰的倾向联系在一起。但是让我们做更为细致的探究并扪心自问，这个词不是同时也表达了宽容的开端，对创造性地逃遁的向往以及对自由的憧憬么。如果不确定性这个词摆脱了犹豫的意思，为人们所正确认识，它将被看做是我们抵抗自我封闭，疯狂崇拜和高傲的盾牌。然而，我们可以确立这样一个原则：如果不倚靠既有的知识，不伴随各种信条间的深入的辩论，不和文化建立即便是细微的联系，不确定性就不可能结出丰硕成果。

知识……

正是应该从各种知识（或者更谦虚点说，一些知识）开始起步，一切都开始于学习，如果我们坚持这样一条绝对原则：知识首先应该为思维确立结构。

这是什么意思呢？

大体意思是知识是通向理性推断的大门。学校的自然科学教育提供了例子，至少如果像"做中学"项目提倡的那样，孩子在学校里相继通过以下阶段：带着好奇心提出问题，提出能够激发各种想象力的假设，做实验以决定真假，强记既得知识和法则使它们更加稳固，运用思想把一堂课的不同时刻连接并组织起来。这样他就能学会比如衡量一个现象的不同参数，可能的话把它们分离开来，或至少学会提防那些不这么做的论据。这样，他会发现语言和科学之间的相似性，两者产生于某个幸运的日子，我们不知名的祖先为一个物体（树……）或一个现象（风……）命名，从那时起，在长期无意识观察这个世界后，他突然真正见到了它，随后描述它，再后来对它发表见解：作为对世界精确命名的科学和作为逻辑思想萌芽的语言同时产生。因此，同样他会对让我们具有分类，组织，连接事实和想法的能力的清晰思维赞叹不已：这就是理性推断的开始。有一天，我们能不能把小学大门口三字训"读、写、数"换成一个同样必须，但更加本质的口号"读、写、数、断"呢！

　　读者们将会明白，正如我刚才所说，教授一门知识暗含着要求教师（假设初中和高中有所区别）有合作，甚至融入的意愿。知识可以有学科区分（我教物理，或历史，或拉丁语），但它不应该是孤立的，好比是群岛的每个小岛都有它们自己的语言、部落、宗教和传统，当然它们都是合理的，却因为互相隔绝而凋零。正是本着这样的精神，法国科学院于 2005 年发起统一科学技术教

学计划 (EIST)，合作在初一和初二物理化学，生物地理和技术这三门课的有限范围内展开。同一个中学上述三门课的老师和校长一样是志愿者，三位老师聚集在一起，根据官方教学大纲（初一，"物质"）共同制定课程合作计划，每个老师会在他的学科内教授这个计划的内容，但是所用的词汇将和其他学科统一（这样比如在初二时，"能量"这个词将在三个学科中具有同样的定义），视野也将扩大，因为它将包括其他两门学科讨论的问题。试验的步伐迈得更大，因

为物理化学、生物地理和技术三门课的课时累加起来，每个老师跟学生见面的时间比平时多三倍，因为平时他只有在自己的课时内才能和学生见面。令人欢欣鼓舞的是，在各处，是不是能看到数学、语文或者历史老师加入到这个三人组合中来，让知识的视界愈发宽广，他们希望学生学习和理解过程中碰到的各种知识不像从前那样是支离破

碎的。

······信仰······

论证能力以及体现论证能力的科学思维是我们决策和行为的唯一动力吗？远远不是。在雨果的诗句"明天一早，当乡间晨曦微露，我将出发。[······] 远离你，多一刻都不行" 中，我们发现三种思维方式，最终可以归结为三种行为方式，三种都具有代表性。

第一种绝对具有演绎性质：我们从来都没有看到过清晨乡间不起晨光。这里我们面对的是一个确信的科学事实，这是整理我们对世界的看法的第一元素。大自然（乍一看）遵循从概率论角度极端但纯粹的法则，它有运行规则，我们因此得以在世界中存在并能依照我们的利益部分掌控它。我们的决策可以建立在理性的基础上，我们应该学着让我们的决策尽可能理性。

第二个方式和第一个相反，它建立在信仰的基础上："······我将出发"。如果科学允许我们在我们的语言中创造了将来时这个不符合理性，只能自己证明自己合理性的时态（如果今天我看到扔出的小石子掉落，而且这个现象在过去一直重复如此，那么我允许自己相信并断言这个现象明天还将如此）。但是它在日常生活中的用法并不因此不属于纯粹信仰。我将出发？我怎么知道？可能期间我会改变主意，可能我的马会在夜间得塞栓而死亡，可能我马车的车轴一转动就断裂……此处存在数不清的可能，唯一合理的说法是："我想出发，我可能会出发……"。或者："我想我会出发"。因此，信仰在我们生活的建立过程中起到主要作用。至少对我们的存在（假设分成前后两段）的那一半——明天来说是这样，但是对现在和过去的感知也是如此，明天并不是我们信仰唯一起作用的地方。

第三种方式很大程度上借用了第二种方式，它把我们的思想和行为建立在情感的基础上，这是非科学思维的另一种形式：喜欢、反感、崇拜、憎恨、惊叹……通常它们掩藏在理性推论雏形之下。""我知道你在等我"揭示了我决定动身的深层原因，它完全属于情感领域：是我死去的爱人决定了我的行为，这些生发自情感的（"……理性所不知道的"）原因催促我出发；这绝对不是我理性思考的结果。

……还有文化

学校的任务是让孩子们学习，同时也要他们学会如何学习，通常这两句话概括了知识和文化间的关系，知识关注的是学习这个动词的传递性，而文化关注的是这个动词的不可传递性。虽然这话不假，尤其是对于各种学习之间的接合而言，但是不妨碍我们进一步思考我们所说的文化是什么意思。

词源意义通常是个好向导。这里，它

引导我们注意到文化（culture）这个词的词根 ure；它生动地唤起了拉丁语中将来完成分词：urus，意思是：注定要怎么样；因此我们绝对不能用这个将来完成分词而不同时说明朝着某个目的地，或者某种宿命的运动。在 culture（"注定要生长，要被种植培养"，从种子到作物的过程）这个词中，我们听到对另一个事物，对其他地方的召唤，同样的召唤我们在将来（future）一词，历险（aventure）一词或大自然（nature）一词中都能听到，这些并不是静止地呈现在我面前，而是"将要产生"（à naître，nasci），或者说得更加戏剧化一些，在"你好，凯撒，将要死去的人……"（拉丁语：Ave Caesar，morituri……）中，这是对即将来临的宿命的宣示。

这样看来，文化绝对不是知识的堆积，也就是我们所说的博学。文化彻底区别于知识的地方是，如果它和知识相连（没有知识，文化什么都不是），并不是为了单纯累积，而在于觉醒，为了阻止人们在累积的成堆知识上昏昏欲睡。既储备了知识，又能投身于一个计划，如果我们同时在这样的基础上行动，就像文艺复兴时期的水手，他们懂得航海原理，但经常莽撞地扬帆起航，错误地以为自己知道将向哪里去；就这样他们给自己以发现的途径和幸福，不管发现的新事物有多么微不足道。

一个生命的厚度最终在这个理性、信仰和文化的结合中展示出来，在其中，分析的严谨，信仰的世界的宽广和旅行的召唤的丰富并存。在一个生命中，同时并存的还有准确和正义的双重权威，对各种各样的美的敏感，对多样性的尊重，对不公正的反抗，发现世界的激情，同样重要的是让所有人在这个世界中各得其所。

回到不确定性上来

　　知道，相信，培养自由，在每时每刻都会发现无数道路纵横交错。这些道路中的一些会条件反射般地成为我们的必经之路。另一些道路看上去和我们的信仰一致，但可能因为我们所拥有的知识而被否定：就像我们的智慧可能会使我们拒绝加入某些政治、工会、宗教等形式的运动。反之，还有一些道路在知识或文化的召唤下似乎是必需的，但是我们将（根据信仰、良心、预感等）决定放弃。还有一些道路向无知的创造者，向知识奇特而矛盾的不确定性打开大门，在这里，人们需要广博的知识来揭示巨大的无知，以至于知识和骄傲（原则上讲！）不能相容。相反，当人们接受无知，甚至要求无知时，人们满足于文化的荒漠，否定信仰自由。这时，选择（在这个情况下，甚至不配被称为选择）几乎完全被决定好了：唯一的道路是最险峻的路，充斥着陈词滥调，无力

或强加的信仰，愚蠢的唯科学论，错误的推理，机械的行为和反应。

　　这里我们可以把不确定性看做是独立的思想，灵活的理想和行为的保障之一，至少不确定性不是悬而不决，不能和模糊的思想或不坚定的想法相混淆。作个比喻，一个非本征状态好比是我们的思想面对一个有着众多结果的选择，表面上很难决定。我们最终会做出决定，就像某种简并的解除，但至少之前会犹豫，这是个蒙受恩惠的时刻，思想从一种可能性跳到另一种可能性，从第一种推理跳到第二种，它自由地从各条已经划定的道路中抽身而出，发明新的路径，或者可能再回到此前的道路上，然后它专注于其中的一条道路，并满怀善意地接受其他道路的合理性：这样的犹豫更多让人倾向于开放，而不是自恋，倾向于倾听，而不是自言自语，没有这样的犹豫，我们的自由只不过是幻觉。

伊夫·盖雷

皮埃尔•比内特鲁
Pierre Binétruy
天文粒子和宇宙学实验室/巴黎狄德罗大学
保尔•朗之万奖
蒂伯奖

不可承受的真空之轻

"在我看来，当谜团被认为不可破解时，出于同一原因，它应该看起来容易被破解。我想说的是谜团出现时过于夸张的特点"。

埃德加•爱伦•坡，《摩根街双重谋杀案》

清空。

首先是办公桌。不那么容易。

然后是我的脑袋。忘却等待回复的成堆的邮件，需要参加的约会，需要填写的电子材料的截止日期……很难。

清空宇宙。不可能的任务：量子物理学家的真空是满满的。充满了喧嚣的涨落，一个世纪以来量子物理使其为人所熟悉。它比经过几小时激烈讨论后理论家的黑板还要满。

真空的满有分量。

更确切地说，它在宇宙的重力之舞中扮演着角色。重量的角色。

首要作用？那个加速我们宇宙历史的暗能量的作用？

　　理论家知道怎么炮制真空的重量：一勺含有牛顿常量的重力，三撮以光速形式出现的相对论，一小片含普朗克常量的量子力学。放一些 2，π 或者 √ 作为调料。在不同维度搅拌所有材料。

　　砰啪，结果至少大了 10^{120} 倍！惩罚：在宇宙大黑板上写下 1 和后面 120 个 0。

　　要学会习惯，真空很轻。一个真正的量子噩梦。

　　应该站在哪个巨人的肩膀上呢？

皮埃尔·比内特鲁

塞西尔·罗比亚尔
Cécile Robilliard
法国国家科学研究中心 /
碰撞聚合反应实验室 /
分子原子复杂系统研究中心
图卢兹-保罗·塞巴斯蒂安大学

真空动物学

在高级数学班[*]，我惊奇地发现了物理学的预测和解释力。但还有另一个更大，更美的惊讶在等待着我：量子物理学的发现，它是如此令人迷惑不解以至于很难相信这是一个完成的理论，但如此强大以至于我们被迫要接受它……物理学家的生活也是这样的：驯服各种工具，每天做出伟大的贡献，工具乖乖接受驯服，为日常生活做出值得自豪的贡献但困惑和不满在等着想要阐明认识论方面的人！

研究真空的特性：它既不是一个笑话，也不是寻而不得的研究人员的惺惺作态……事实上，真空这个概念比它显现的要丰富得多，自一个世纪以来，在相对论和量子物理的影响下有了长足的发展。最初，1905 年爱因斯坦的文章使以太这一概念失去意义，

---

[*] 1997 年之前，法国大学预科班第一年的一个类别。

一种无形的有点神秘的介质，就像空气对于声波的传播一样，对于电磁波的传播以太显得是必要的。尽管无法通过实验证明，以太的存在几十年里几乎是肯定的。悖诡的是，在 1905 年同样的工作现在被看做为量子物理学的前驱，它使真空再次成为一个真正的介质，具有复杂的结构和涨落的能量，许多可测量的物理效应的源泉。

特别是，量子真空是电磁场的非线性介质，也就是说，有电磁场的相互影响。例如，在真空中的光速因为外加磁场的存在而改变，同时也决定于波的偏振。物理学家这 70 多年来一直想对这个量子电动力学的预言进行实验验证。我必须说，如果说没有人会质疑这一点，实现微小的真空磁双折射，是一个真正的实验挑战。由于技术进步的帮助，似乎结果越来越近。但在此期间，许多扩展标准模型的建议丰富了我们的科学，其中一些预言了真空的光学特性方面可测量的贡献。因此，很有可能在未来几年内量子的数量将继续增加，我们会迎来新的小粒子，像轴子（axion）、变色龙粒子、仿光子或者其他微电荷粒子，它们为尝试解决当前标准模型理论的困难而生。在真空中的精密的光学测量越来越显得是这个领域中宝贵的工具，与加速器中的高能领域测量相辅相成。

因此，我在量子物理学的实验活动是最

单纯的理论工作和最先进的科技发展之间的一个桥梁：真空并不是一无所有！

塞西尔·罗比亚尔

赛尔吉·阿罗什
Serge Haroche

法兰西学院
法国国家科学研究中心/国立高等师范学院卡斯勒-布洛赛尔实验室
皮埃尔和玛丽·居里大学
法国科学院
法国国家科学研究中心金质奖章
诺贝尔物理学奖
迈克尔逊奖
洪堡研究奖

量子理论和达尔文主义

　　我对量子世界的感知充满了复杂的情绪。从某种程度上说，当我应用从简单的数学形式推导出来的原则时，一切都非常清晰，甚至可以这么说，当涉及与量子和光子有关的实验时，在进行具体计算之前，我可以直觉地判断出将会得到的结果。然而，从更深一层来说，当我试图探寻物质世界的真实轨迹时，我感到了困惑，因为很难用日常语言和其所对应的文字在大脑中所呈现的图像来对此进行"理解"。我试图安慰自己说，我的大脑是在世世代代的进化过程中被塑造出来的，从而它可以理解日常经验习以为常的经典世界，但很难理解原子和光子的无形世界。况且周遭现实世界已充满诸多危险，试图去真正理解原子是如何穿越双孔屏幕对我的生活又有何益处呢？

　　如此，我用一问题替代了另一个问题，就此达尔文思想给我的启示让我感到某种因震撼而产生的晕眩。我想到了沃奇克·祖

瑞克（Wojciech Zurek）巧妙的假设，他对量子世界和经典世界的界限进行了深入的思考。在一个量子系统可能存在的所有状态中（大多数状态都很奇特），能够在一段可被感知到的时间内存活下来的状态是最为牢固的，且和外界环境最不易发生纠缠的。当把两种达尔文主义结合起来看时，量子世界显得不再奇怪：生物学上的达尔文主义告诉我们，由于人类意识形成的局限，人们不理解量子世界实际上很正常；量子理论上的达尔文主义则解释了人们能够感知到的经典世界是选择的结果，是已经淘汰了所有会因为和我们处在的外部环境耦合而消失的那些叠加态后的结果。根据我的情绪所处在的状态，这种对达尔文主义的双重应用，时而让我感到安心，在回到对量子力学的数学理解时能抽身于问题之外，时而让我对答案仍然并且始终感到不满。

赛尔吉·阿罗什

菲利普·格朗杰埃
Philippe Grangier
法国国家科学研究中心/光学研究所
让·里察尔奖
拉扎尔·卡诺奖
法国国家科学研究中心银质奖章

量子本体论

注解：根据《环球百科全书》，"本体论"是关于存在的学说和理论。

在量子力学描述的物理世界中什么是"存在"呢？我们可以说是"波函数"吗？似乎薛定谔本人把它看做是连续演化的"真实的"波，当"量子跃迁"现象发生时，这不可避免地导致很多问题。或者是"态矢量"？作为数学对象，它比波函数更为普适，但同样抽象。这些数学对象"是否"同时也是物理客观实在呢，或者仅仅是对我们所研究的"物理系统"的认识的表达？如果是后者，这个系统是"真实存在的"吗？

我们自己（作为观察者，或者概而言之"我们周围的世界"）是在这个物理体系之内还是之外呢？如果把我们自身放到"这个体系"中，难道不会导致某种可怕的本体论，即"多重宇宙理论"，根据这个理论，所有的可能性以及它们的对立面都同时"存在"，在各种可能性的无限交叉中，生、死、存在的概念不都将失去意义了吗？但

是，把我们放到"系统之外"，这今天已被冠以成为贬义词的"哥本哈根阐释"，难道不是对量子力学的普遍性不可接受的限制？

令人吃惊的是，量子力学提出八十年来，在物理学家中，甚至本领域的专家中，没有任何上述问题能获得一致的答案：大多数情况下，他们会说问题本身提得不好，或者顶多回答说对这些问题的回答对于量子力学对具体问题的预测不会有影响。

但是实际上，这些问题背后隐藏了很多物理学家的担忧，我们可以概括为一个问题："为什么要有量子力学"？这个理论牢固地建立在简单而高效的数学形式上，但是这种数学形式却必须被作为"假设"提出，而不是从一般物理原理导出，那么这个至今从未出错的杰出的理论来自于哪一种"必要性"呢？唉，这些问题也从来没有答案……虽然我们说不出量子力学从哪里

来，至少可以说出到哪里去吧？这个问题的答案也显得糟糕得令人惊讶：如果拘泥于量子学说的字面解释，始于一个初始态有不同的"幺正"演化过程，那么将不可避免地导致前面所说的"可怕的本体论"，各种可能性以"分枝"的形式出现，所有可能性在形式上拥有同等地位，即使观察者在一种可能性中还活着，在另一种可能性中已经死了。对此，物理学家们将再一次出现意见分歧：有人会说"这并不严重，不管怎样反正没有其他与理论更加相容的方法"，另一些人则坚持认为这个可怕的本体论付出的"概念"上的代价太大了……读者们应该能猜到我把自己归属于第二类。

那么如何走出这个怪圈呢？我的观点是（既然问题最终导向这里），在马克斯·普朗克（Max Planck）提出量子理论110年后，我们还是严重低估了量子化这一概念，即（在概念上）对某一孤立物理系统的测量只能给出离散的结果。人们惯常直觉说这种量子化实际上跟在某个含义不清的波"杂烩"中某些共振或相长干涉相似，这就是玻尔（Bohr）的原子说，它深深地印在了很多物理学家的脑海里。那么是否应该援引这种"杂烩本体论"呢？在这个杂烩中，底料已经跟从前的以太概念一样定义模糊，又何谈其他用料呢？实际上用更前沿的观点来看，波是概率幅，这样一来，本体论又遇到新的困境：理论局限于描述我们所"知道"

的，而非实际"存在"的……

另一种可能的方法是将量子化本身树立为原则，也就是说对一个孤立物理系统的测量只能给出离散的结果。对于一个良定义的系统，和一些良定义的测量，可能结果的数目是由量子力学决定的，我们把它称为系统所关联的希尔伯特空间的维数 N。每个可能结果都和系统的某一"本征态"相关联，并且相互排斥于其他可能的结果之外：我们因此得到 N 种可能性中的一种结果。在既不改变系统，也不改变测量方法的情况下，测量的结果是确定的，测量也不会干扰系统，这就给它们以无可置疑的"客观性"。那么那些"奇怪"的量子现象到哪里去了呢？当我们进行其他测量的时候它们又将会出现：一般说来，所有此前的确定性都会消失，测量结果变得"内蕴地"随机：这就是我们此前所说的"分岔"现象，在每次测量中，将涉及整个宇宙，而不是这一个系统。如果我们相信量子演化的幺正性，我们将会说所有的可能"一直在那里"，但是一旦进行测量，我们——这些观察者——将一次只能"存在"于一个可能性中……您能接受吗？

对我来说，我没有这样的条件，我更加倾向于另一种途径：我们观测到的随机性根本就不是来自于从原则上说不可观测的"分岔"，而简单地来自于下述事实，当我们改变测量的时候，我们实际上向系统问了一个

它无法回答的问题。事实上，如果系统能完全确定地回答（和另外的测量相联系的）另外的问题，那么它能够给出多于 N 个两两互斥的答案，这和一开始的量子化原理是矛盾的……换句话说，随机性不是来自于我们不知道系统将向何处去，而是因为系统自身不知道它来自何方：它没有"包含足够多的信息"来回答提出的问题，因为介于离散的值之间"空空如也"。

我们当然可以问自己这样的一种途径是否能够"演绎"出量子力学的具体形式：换句话说，这种形式是否是唯一一种和前述量子化原理相适应的？尽管有一些发表在不起眼的期刊上的想法和进步，我对这些问题没有明确的答案。

作为结语，让我们强调和所有类似的"阐释"一样，这是如假包换的一家之言，到头来也只是为了可以让它的作者心安：因此我只能向你们保证，在和量子力学打了三十年交道以后，这是我中意的一种说法……

菲利普·格朗杰埃

我与量子光学的缘分

吴令安
Ling-An Wu
中国科学院物理研究所
中国科学院大学
2004全国三八红旗手
2013中国物理学会谢希德物理奖

波粒二象性和测不准关系——当时在我脑海中还是两个模模糊糊的概念。大学四年级刚开始上了几堂量子力学课，便和全年级的同学，以及一些老师，一起赴四川农村投入"四清"社会主义教育运动。回到学校后就是"文化大革命"，直至离开北大再也没有上过课。毕业分配到河北一个国营农场。干农活没有难倒我，与农工们关系也融洽，只是偶尔想到，这一辈子再也不能从事物理了，心里难免有点心酸。有一天一位同事得知我是物理系毕业的，便拿来一台收音机请我修理。我不好意思说我不会修，只好硬着头皮接下来。农场哪里有相关参考书？只好从同事借了一本《少年半导体收音机》小册子，居然把收音机修好了！此后，凡是队里收音机有坏的都抱来让我修。

三年后，我到中科院物理研究所图书资料室开始新的工作。当时科研人员外文水平有限，而因为我在英国长大的，我的主要工作是翻译资料。当年国家外语人才短缺，我也常有口译差事。虽说当口译满足了国家的需要，还有令人羡慕的出国机会，我仍向往着做真正的科研，有机会就到实验室"蹲点"。改革开放之后老公郑伟谋出国做访问学者，我有机会陪伴出国进修，我却胆怯了。作为两个孩子的母亲，我怎能抛下孩子不管？我能学成吗？是我父母有远见，他们鼓励我走，叫我勇于攀登，孩子他们全包了。于是，已满37岁的我到美国德州大学奥斯丁分校，离别量子力学课堂15年之后，重新回到学习的殿堂。

没有学完本科课程就上研究生的课，当然有困难，总算通过了，但对于做什么研究没有什么概念。自己从小喜欢照相，曾冲洗照片，自制了望远镜、放大机，所以想搞光学。第一年我有幸遇到 M. Fink 教授，他

把我带入光学实验的课题，接着介绍我师从 H.Jeff Kimble 教授。开始我的论文题目是腔内非线性晶体中的非线性动力学问题；一切从零开始，从方案设计、研制激光器、购买所有光学元件包括晶体，到光路的搭建和调试。因为泵浦光不够强并且腔内损耗太大，没能达到阈值，没有见到任何预期现象。这时 Kimble 开始为我着急，还曾考虑让我转做其他同学的原子双稳课题，但从半年的学术休假回来后，他毅然决定，用原来的装置改做产生量子挤压态（squeezed state，又称压缩态）的实验。挤压态？我第一次听说挤压态一词，是在研二参加的第五届 Rochester 相干与量子光学会议上，当时很新鲜。没有想到仅隔三年我就要搞这个挤压态了！实验配置的改动并不大：我在激光器中加了倍频晶体，把谐振腔的两个镜子调了个个，光路重调了。不过，探测需要用平衡零拍探测器，它是 John Hall 教授的设计杰作。记得他应邀来帮忙时，已是名人，但毫无架子，五十多岁的人爬上爬下，还钻到平台下接线。他看到我在手动控制晶体炉子的温度，就想给我一个自动控制电路，第一天设计好，第二天焊好，第三天就调好投入使用。

从开始搭光参量振荡器起，日夜奋斗了三个月。 1986 年 6 月 9 日星期一 Kimble 要去参加第 14 届量子电子学国际会议（IQEC），我们决定前一个星期六做最后一次实验尝试，寻找挤压真空态。一大早打开激光器；周末干扰少，各系统都较稳定。星期天凌晨 3 点，突然间频谱仪上缓慢出现了一条看似正弦波的曲线，幅度变得越来越大，然后慢慢地消失。我们心跳似乎也跟着那条曲线的涨和落而起伏，那就是挤压态的信号！赶快重复，记录数据；到 5 点大家回去睡觉。午后又来补充数据，打印透明片，给 Kimble 带上飞机赴会。我们首次实现了以光参量下转换产生挤压态，量子噪声被抑制 60% 以上，为当时的世界纪录，开辟了以非线性晶体研究量子光学的新途径。

回到中国后我发现，在当时的环境条件下，要做挤压态的实验太困难了，但光子的实验相对好做一些，也实现了国内第一个自由空间和全光纤的量子密钥分发演示实验。不过，与真空态和单光子打了多年的交道，我仍对量子力学不甚理解。我还在纳闷，为什么东西小了会有不确定性？难道如 W. Lamb 所说的，"根本没有光子那东西"？……

闭嘴，去算去，做实验去！

吴令安

刘莎
Sha Liu
巴黎高等师范学院卡斯勒-布洛赛尔实验室

一切源于偶然，一切却又是必然

在我还不满三岁，不能进厂办幼儿园的时候，我就混迹在我爸的工厂。因为是建筑工程公司的缘故，到处都有很多机械设备，我就每天摸爬滚打在钢筋、水泥和机械之间，到了吃饭的点，就见我爸领着一只泥猴在水龙头前洗手。

因为我爸是工程师的缘故，从小我就跟在他后面，倒腾东西。他爱摄影，自己冲胶片，我就待在家里的"红灯区"，看着曝光、显影、洗相。

他爱机械，于是我就有了能一边扇翅膀，一边滚动前进的木头鸭子，小机械手枪，自己时不时拿他的工具上个螺丝，反架之类的。

他爱电子，于是我从小就接个电线，焊个电路。后来跟着修自行车，组装东西等。

一切儿时的"经验"让我对实验室有"天生的亲切感"。现代量子光学实验室综合了机械、真空、声光电磁等各种设备，修理和调制各种仪器设备是很好玩的事情，也的确占了大部分的工作时间，这可能是我能一直在实验室里待这么久的原因。大概是从小就受老爸"学好数理化，走遍天下都不怕"的理论，我选择了物理，走过了很多国家不同的实验室。于我来说，物理是很好玩的，而物理的分支中，量子又是最神秘的。

我做某个课题的研究是因为偶然的原因，而进入量子领域却有某种必然。要研究某样东西，首先要学习。从大学三年级的四大力学开始，量子力学就显得与众不同：我在脑海中没有找到与之对应的物理实体，很多概念只是记住了，并没有理解。我记得主要学习的是薛定谔方程在各种简单势阱情况下的求解，练习的最多的主要是数学，算是开了个头，认识和记住了很多名词和概念。

到德国后，第一年的课程最重要的一门，还是量子力学，不过这回换了个俄国教

授，用的是朗道的书，数学这门工具被很好地应用于解决"实际"问题，这帮我加深了对其的物理理解。之后，我进了实验室，开始了量子物理的实际应用。有一个组主要是研究碱金属双原子分子的势能，一方面，在实验室中，大量光谱数据得到采集，另一方面，在原子的各种耦合情况下，薛定谔方程可以精确地用来求解势能曲线，每次结果出来，我很是惊讶于理论和实验如此完美的符合。与此同时，我开始了博士论文的题目：双原子分子干涉仪，主要是选择某一能级，搭建分子干涉仪，用来精确测量一些分子的常数，如某能级的跃迁偶极矩，分子原子的碰撞截面。

第三次重温量子力学则是在法国巴黎高等师范学院，旁听 Jean-Michel Raimond 先生给低年级学生们上的量子力学启蒙，我很是听得心潮澎湃。开篇几节课，他把量子力学的基本概念和量子测量算是讲透了。物体在空间中，同时存在于各种本征态叠加，是测量决定了物体坍缩到某一态，测量的统计结果反映了各个态存在的概率。因为 Raimond 先生自己做实验的原因，他联系了大量的简单实验和测量，这使得讲解变得很直观。这些年来，通过参加各种量子光学会议，以及文献阅读，在我脑海中，积累了各种不同实验的图像。虽然每节课上，他讲的知识点我都知道，但是他的讲解使我把脑海中的各种形象联系起来，明晰化、精确化，很多问题豁然开朗了。

通过学习，建立清晰的物理学图像对于着手作研究是大有裨益的。对每个刚刚入门的人，这是一个全新的世界，因为未知而显得神秘，因为探索而变得精彩。量子力学给了物理学家一片日常生活难以触及的美妙天地。

刘莎

丹尼尔·格林伯格
Daniel M. Greenberger
纽约城市学院
美国物理学会会士
洪堡资深科学家奖

欧兹曼迪亚斯*

出于我们对世界所了解的，以及我们可以了解的，我对现实有很多担心。虽然我笃信科学，但是对于我来说，能够真正了解很多大自然的终极秘密，是一个错觉。大多数时候，科学告诉我们的是如何控制自然。我们做实验，并建立模型来解释我们的结果。当自然选择告诉我们一些东西时，我们会相应地修改我们的实验。总的来说，科学就是与自然和谐互动以期控制它的一种方式。这样的科学以一种有局限的方式，让我们学习如何利用自然界。有局限是因为我们的感知是有限的。

例如，我们知道有红外辐射，我们可以检测到它，但我们感觉不到它。人不像蛇一样，有器官可以直接探测到红外辐射，并转化为信息，譬如一只老鼠最近在这附近出没，并向某一方向前进。想象一下，如果我

* 这是埃及法老拉姆西斯二世的别名，雪莱曾以此为题作诗。

们也可以感觉到物理上并不在眼前的物体，我们看世界的心理上会如何不同。当然，有时候我们可以用逻辑来说明，但这和有深刻的感觉是不一样的。当然，如果能察觉到听不见的声音或者看不见的光也是一样的。这将使我们对重要和不重要有不同的概念，然后这将改变科学发展的方向。

我们知道关于一个人找眼镜的老笑话，有人看到他，问道："你在哪里掉的眼镜？"他说，"路中间。" 那人问"那为什么你在人行道上找呢？"，他回答说："因为这里光线更好。" 这正是我们的问题：我们只能在我们的仪器和感官可见的地方开展研究。

一个典型的例子——我们常常假设，任何外星智慧都知道整数，由此也应该知道素数，所以当我们尝试联系它们的时候，我们使用这些数。但是我们赋予整数的重要性，来源于我们认为两个物体不可能在同一时间占据同一空间的基本信念，以及计算的重要性。但如果我们的感官更切合连续的现象，我们可能对这个世界有完全不同的认识。这并不是说我们无法理解整数，而是它们对于我们不会那么重要，我们也不会期望所有的智慧生物去重视它们。并且我们也不会想到用它们去和宇宙的其余部分联系。

我们并没有真正意识到我们是如何被我们对于世界有限的认识所制约。我们自认为在自然界中只有四种力，我们永远不会比光速更快，而且，我们正在接近万物的"终极"理论。我们最近发现的"暗物质"和"暗能量"使我们现在知道，我们仅仅了解大约宇宙的 10%（即我们所认为的"整个"宇宙的 10%，也许这仅仅是真正宇宙的微不足道的一部分），你可能认为这一发现有可能让我们走出这种骄傲的自大。但这种自大的本性是不那么容易醒悟的。

当涉及真正重要的问题时，我们甚至不知道如何去陈述它们。"为什么宇宙存在？意识是什么，自我意识呢？人类这么一个那么微不足道的物种，即使被消灭了，或是他们居住的行星，或是太阳，或整个星系被消

灭了，对于整个宇宙的影响是微乎其微的，他们的作用又是什么呢？"

真的，人类到底在什么位置呢？恐怕我们的回答就像在雪莱的《欧兹曼迪亚斯》中国王的位置一样：在我们的宇宙中。

丹尼尔·格林伯格

奏乐，典礼结束

　　像一只从薛定谔的篮子里逃走的猫，量子物理工作者们对两项工具满怀期待：欧洲原子能研究中心的大型强子对撞器，它是迄今为止最大的科学仪器，它可能会打开一个意想不到的世界的大门；量子计算机，对一些人来说唾手可得，对另一些人来说则遥不可及，它会使信息技术和人脑相似，虽然它就是人脑想出来的。如果一切进展顺利，很快我们所做的将不再是提出关于这个世界的新力学理论，而是在对这个世界的深层理解上跨出新的一步。

　　量子理论的创立者们只有勇气和笔记本。后继者们虽然拥有众多器材，但他们的勇气不比先辈们少，这份勇气促使他们探索一个和我们毫无关联的世界，如果不算两者拥有一样的基本组成元素的话，而且那个世界中从来都不曾有什么活物回应我们。这是唯一一次人类不是被它自身的纷攘所吸引，不要抑制我们的喜悦之情：量子物理学家是最不以人类自身为中心的，除了探索其他世界最终能使他们更好地了解我们自己以外。或许有一天我们会根据相对于其他对象的不同之处而获得自身的定义。

让-弗朗索瓦·达斯，安妮·帕皮约

图片索引

除第19页外，本书所有照片均出自让-弗朗索瓦•达斯之手

p.2：安东尼•乔治（Antoine Georges）

p.3：马尔库斯•爱什霍（Markus Aichhorn），安东尼•乔治（Antoine Georges），吉尔内吉•马拉弗雷吉（Jernej Mravlje），多那•阿当塞特（Donat Adamset）

p.5：王育竹（Yuzhu Wang）

p.7, 8, 9：安东尼•布劳维斯（Antoine Browaeys）

p.11：弗朗克•拉洛埃（Franck Laloë）

p.13：弗朗克•拉洛埃（Franck Laloë），让•达里巴（Jean Dalibard），沃尔夫刚•凯特勒（Wolfgang Ketterle）

p.15, 17：阿那托尔•阿布拉甘（Anatole Abragam）

p.19：罗兰•川上（Roland Kawakami）

p.21, 22：爱德华•布雷赞（Edouard Brézin）

p.25：埃蒂安•克莱因（Étienne Klein）

p.29：让－路易•巴德旺（Jean-Louis Basdevant）

p.30：米歇尔•勒杜克（Michèle Leduc）

p.31：弗朗索瓦•塔尔吉（Françoise Tarquis），米歇尔•勒杜克（Michèle Leduc）

p.32, 33：朱力叶•西莫奈（Juliette Simonet）

p.34：马特奥•斯麦拉克（Matteo Smerlak）

p.36, 38：雅克•福雷德尔（Jacques Friedel）

p.39, 40：阿尔伯特•费尔（Albert Fert），阿涅斯•巴尔特雷米（Agnès Barthélémy），尼古拉•雷恩（Nicolas Reyren）

p.42, 43：让－米歇尔•亥蒙（Jean-Michel Raimond）

p.45, 46, 47：威廉•D•菲力普（William D. Phillips）〔和卡尔•内尔森（Karl Nelson）p.46〕

p.48：卢克•杜马耶（Luc Dumaye），菲利普•舒马兹（Philippe Chomaz），米歇尔•塔尔瓦（Michel Talvard），奥利维•利姆赞（Olivier Limousin），宇宙基本法则研究所天文物理处净室（法国原子能总署）

p.49 把微型相机探测器移印到印刷电路板上

p.50：菲利普·舒马兹（Philippe Chomaz）

p.51, 53：卡特琳娜·瑟萨斯基（Catherine Cesarsky）

p.55：米歇尔·斯皮若（Michel Spiro）

p.56, 58：让·依利奥普罗斯（Jean Iliopoulos）

p.61：米歇尔·达维埃（Michel Davier）

p.63：博格达·马拉斯库（Bogdan Malaescu），苏菲·卡瓦利埃（Sophie Cavalier），朱利安·布洛萨尔（Julien Brossard），米歇尔·达维埃（Michel Davier）

p.64：玛丽－安娜·布西亚（Marie-Anne Bouchiat）

p.66：玛丽－安娜·布西亚（Marie-Anne Bouchiat）的实验细节

p.67, 68：加布里埃勒·维内兹亚诺（Gabriele Veneziano）　［和吉奥瓦尼·马洛兹（Giovanni Marozzi）　p.67］

p.69, 70：弗朗西斯卡·费尔雷诺（Francesca Ferlaino）

p.71, 72：克里斯汀·伯尔德（Christian Bordé）

p.74：诺埃尔·迪马克（Noël Dimarcq）

p.77：菲力普·罗朗（Philippe Laurent）在巴黎天文台的花园里

p.79：奥利奥尔·波依伽（Oriol Bohigas）

p.81：阿利埃尔·阿兹约（Ariel Haziot），塞巴斯蒂安·巴里巴赫（Sébastien Balibar），约舒阿·维斯特（Joshua West）

p.83：塞巴蒂安·巴里巴赫（Sébastien Balibard），雅威尔·罗加斯（Xavier Rojas），阿利埃尔·阿兹约（Ariel Haziot），维克多·巴普斯特（Victor Bapst）

p.85：让－保尔·波瓦希（Jean-Paul Poirier）在法国科学院图书馆里

p.87, 88, 89：阿尔伯特·梅西亚（Albert Messiah）

p.91：伊凡·卡斯汀（Yvan Castin），米歇尔·勒杜克（Michèle Leduc），大卫·盖里－奥德林（David Guéry-Odelin），克洛德·科恩－塔诺季（Claude Cohen-Tannoudji）

p.92：克洛德·科恩－塔诺季（Claude Cohen-Tannoudji）

p.93：克洛德·科恩－塔诺季（Claude Cohen-Tannoudji）在索邦大学的大阶梯教室

p.95：克洛德·科恩－塔诺季（Claude Cohen-Tannoudji），让·达里巴尔（Jean Dalibard）

p.96：让·达里巴尔（Jean Dalibard）

p.99：塔里克·耶夫萨（Tarik Yefsah），雷米·德布挂（Rémi Desbuquois），让·达里巴尔（Jean Dalibard）

p.101：劳里阿娜·舒马兹（Lauriane Chomaz）

p.103, 104, 105：罗杰·巴利昂（Roger Balian）　〔和瑟尔·纽文惠森（Theo Nieuwenhuisen），达尼埃尔·贝那甘（Daniel Bennequin）p.104〕

p.107, 109：艾雷娜·贝兰（Hélène Perrin）

p.111：尼古拉·特雷普（Nicolas Treps）

p.113, 114, 115：安东·泽林格（Anton Zeilinger）　〔和米歇尔·凯乐（Michael Keller）p.114〕

p.116, 117, 119：乔治·施里雅普尼科夫（Georgy Shlyapnikov）　〔和达里娜·施里雅普尼科娃（Darina Shlyapnikova）p.117〕

p.121, 122, 123：朱克·瓦尔拉文（Jook Walraven）　〔和多比亚·杰尔克（Tobias Tiecke），安特杰·路德维奇（Antje Ludewig）p.122〕

p.124, 126, 127：克里斯多夫·所罗门（Christophe Salomon）　〔和尼尔·那文（Nir Navon）p.127〕

p.129, 131：阿兰·阿斯贝（Alain Aspect）

p.133：德尼·布瓦隆（Denis Boiron），奥雷连·贝然（Aurélien Perrin），阿兰·阿斯贝（Alain Aspect），瓦伦第那·克拉什马尼科夫（Valentina Krachmalnicoff），克里斯·维斯特布鲁克（Chris Westbrook），洪常（音译）

p.135：让 – 弗朗索瓦·霍什（Jean-François Roch）

p.136：拉马姆尔提·尚卡尔（Ramamurti Shankar），卡伦·勒·于尔（Karyn Le Hur）

p.137：卡伦·勒·于尔（Karyn Le Hur）

p.138：布拉森吉特·杜特（Prasenjit Dutt），卡伦·勒·于尔（Karyn Le Hur）

p.139：卡伦·勒·于尔（Karyn Le Hur），史蒂芬·拉歇尔（Stephan Rachel），彼特·奥斯（Peter Orth），李达梁，布拉森吉特·布特（Prasenjit Dutt），弗朗西斯·宋（Francis Song），让 – 弗朗索瓦·鲁普雷什特（Jean-François Rupprecht）

p.140：达尼埃尔·埃斯代夫（Daniel Estève），杰里·吉阿马尔什（Thierry Giamarchi）

p.141：达尼埃尔·埃斯代夫（Daniel Estève）

p.142：曾和平（Heping Zeng）

p.145：米歇尔·德沃雷（Michel Devoret）

p.146：米歇尔·德沃雷（Michel Devoret）在法兰西学院上课

p.147, 148：赛尔吉·马萨尔（Serge Massar）

p.150, 151：苏菲·拉普朗特（Sophie Laplante）

p.153, 154, 156：杰拉尔德·巴斯达尔（Gérald Bastard）

p.157, 158：德尼·格拉西亚（Denis Gratias）

p.161, 163：马丁·波文（Martin Bowen）　〔和雅歇克·阿拉布斯基（Jacek Arabski）p.163〕

p.165, 166：鲍里斯·阿尔诸勒（Boris Altshuler）

p.167, 168：阿莱克西·格林柏姆（Alexei Grinbaum）在巴黎高等师范学院［和爱杰娜·克雷恩（Étienne Klein） p.168］

p.169, 170：弗雷德里克·凡·维吉朗德（Frédéric Van Wijland）在巴黎狄德罗大学上课

p.171, 173：让 – 保罗·马尔里厄（Jean-Paul Malrieu）

p.177, 178：德尼·杰罗姆（Denis Jérome）

p.179, 180：杰瑞·杰阿玛尔奇（Thierry Giamarchi） ［和凯伦·勒·于尔（Karyn Le Hur） p.180］

p.181, 183：本笃·德沃 – 普雷德然（Benoît Deveaud-Plédran） ［和约恩·雷杰（Yoan Léger），道菲克·巴雷索
（Taofiq Paraiso），维雷娜·孔勒（Verena Khonle） p.183］

p.184, 185, 186：尼古拉·吉森（Nicolas Gisin）

p.187, 188, 189：瓦雷里·斯卡拉尼（Valério Scarani） ［和罗沙里奥·法兹约（Rosario Fazio） p.188］

p.190, 191：皮埃尔·雷纳（Pierre Léna） （在亚眠学区讲解"做中学" 项目）

p.193, 194：伊夫·盖雷（Yves Quéré） ［和朱莉耶特·布伦（Juliette Brun），大卫·彼尔·加贝尔（David Beer
Gabel）， Tom Douce （汤姆·杜斯），罗曼·科增布拉（Romain Kirszenblat），德娜·卡增拉尼（Dena
Kazerani）在蒙鲁奇高等师范学院讨论"做中学" 项目］

p.195, 196：伊夫·盖雷（Yves Quéré）

p.198, 199：皮埃尔·比内特鲁（Pierre Binétruy）

p.200, 201：塞西尔·罗比亚尔（Cécile Robilliard）

p.202：塞尔吉·阿罗什（Serge Haroche）在巴黎高等师范学院上课

p.203：塞尔吉·阿罗什（Serge Haroche）

p.204, 206：菲利普·格朗杰埃（Philippe Grangier） ［和米歇尔·勒杜克（Michèle Leduc） p.206］

p.208：菲利普·格朗杰埃（Philippe Grangier），让·巴里达尔（Jean Dalibard）

p.210：吴令安（Ling-An Wu）

p.213, 214：刘莎（Sha Liu）

p.215, 216：丹尼尔·格林伯格（Daniel M.Greenberger）

p.217：丹尼尔·格林伯格（Daniel M. Greenberger）在纽约城市学院上课

p.218：特巴，威尼斯（卡斯特罗区）的猫

人名索引

我们感谢以下单位的接待：

　　法国科学院（法兰西学会），法国原子能总署，欧洲原子能中心，法国国家科学研究中心，巴黎大学管理委员会，纽约城市学院，法兰西学院，巴黎综合理工大学，洛桑联邦理工学院，巴黎高等师范学院，卡尚高等师范学院，巴黎高等工业物理和化学学院，大巴黎地区冷原子研究院，光学研究所，艾美•高顿实验室，奥赛线性加速器实验室，巴黎高等师范学院卡斯勒–布洛赛尔实验室，马赛（卢米尼）理论物理实验室，盖瑟斯堡国立标准和技术研究院，巴黎天文台，发现宫，索邦大学，比萨高等师范大学，泰雷兹集团，阿姆斯特丹大学，日内瓦大学，布鲁塞尔自由大学，巴黎狄德罗大学，南巴黎大学，巴黎十三大，斯特拉斯堡大学，图卢兹保尔•塞巴斯蒂安大学，维也纳大学，耶鲁大学。

排版：安妮 • 帕皮约

图字：01-2012-1754

Original edition:
Le plus grand des hasards
Edited by Jean-François Dars and Anne Papillault
© Éditions Belin - Paris, 2010

图书在版编目（CIP）数据

偶然之极：量子的惊喜 / （法）让 - 弗朗索瓦·达斯，
（法）安妮·帕皮约编；赵佳，刘莎译 . -- 北京：高等
教育出版社，2016. 10
　ISBN 978-7-04-046456-6

Ⅰ . ①偶… Ⅱ . ①让… ②安… ③赵… ④刘… Ⅲ .
①量子论 – 普及读物 Ⅳ . ①O 413-49

中国版本图书馆 CIP 数据核字（2016）第 222439 号

出版发行	高等教育出版社
社　　址	北京市西城区德外大街4号
邮政编码	100120
购书热线	010-58581118
咨询电话	400-810-0598
网　　址	http://www.hep.edu.cn
	http://www.hep.com.cn
网上订购	http://www.hepmall.com.cn
	http://www.hepmall.com
	http://www.hepmall.cn
印　　刷	北京信彩瑞禾印刷厂
开　　本	850mm×1168mm　1/16
印　　张	14.75
字　　数	300 千字
版　　次	2016 年 10 月第 1 版
印　　次	2016 年 10 月第 1 次印刷
定　　价	69.00 元

本书如有缺页、倒页、脱页等质量问题，请到所购图书销售部门联系调换

版权所有　侵权必究
物 料 号　46456-00

策划编辑	王　超　王丽萍	责任编辑	王　超
封面设计	王凌波	责任校对	刘丽娴
责任印制	朱学忠		

郑重声明

反盗版举报电话　（010）58581999 / 58582371 / 58582488
反盗版举报传真　（010）82086060
反盗版举报邮箱　dd@hep.com.cn
通信地址　北京市西城区德外大街 4 号
　　　　　高等教育出版社法律事务与版权管理部
邮政编码　100120

购书请拨打电话：(010) 58581118

　　感谢法国前教育部物理总督学 Jean-Pierre Sarmant 先生为本
书翻译所做的贡献。

　　感谢 Arnaud Lecallier 为本书的翻译所做的贡献。

——译者